photo: PIXTA

剛睡醒時亂翹的頭髮和我們刻意吹整的髮型，都與化學鍵息息相關。
➡參見 116 頁

整頓亂翹的頭髮

photo: PhotoAC

肥皂可以同時清潔容易溶於水和溶於油的髒汙。
➡參見 114 頁

好好洗臉

photo: PhotoAC

若食物殘渣一直沾附在牙齒上，就會腐蝕牙齒形成蛀牙。請務必好好刷牙，預防蛀牙。
➡參見 96 頁

好好刷牙

早上起床 我們就與化學展開新的一天！

好好吃早餐

photo: PhotoAC

濃稠的生蛋經過水煮就會凝固。蛋裡面的蛋白質遇熱會改變型態。
➡參見 73 頁

photo: PhotoAC

烤（煎）成金黃色的吐司、肉和魚，令人食指大動。顏色的變化不只影響外觀，也與香氣緊密相連。
➡參見 77 頁

photo: PhotoAC

優格是利用乳酸菌凝結牛奶製成的食品。蜜蜂利用自己的酵素，讓花蜜變得更好吃，最後形成蜂蜜。
➡參見 70、74 頁

準備上學去

photo: PhotoAC

日本的學生書包有的用真皮製造，有的用質感近似真皮的人工皮革。
➡參見 53 頁

利用黏著劑或是加熱方式，將纖維凝結成不織布，製成口罩。
➡參見 53 頁

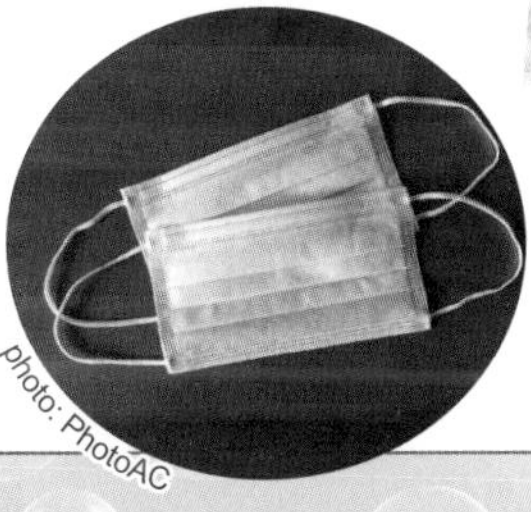
photo: PhotoAC

photo: Mia Studio/shutterstock

洗滌可將髒衣服洗乾淨，不同的汙垢種類，清洗方式也不一樣。
➡參見 54 頁

四季變化中的化學

日本的氣候、文化與節日
都充滿了化學反應

春

photo:Jackie/flickr

花卉顏色

花卉的色彩主要來自於花青素，配合土壤狀態等周遭環境條件，自由變換繽紛色彩。

➡參見 187 頁

文具

口紅膠、便利貼、鉛筆、橡皮擦都借用了化學的力量。

➡參見 179、180 頁

photo: PhotoAC

photo: PIXTA

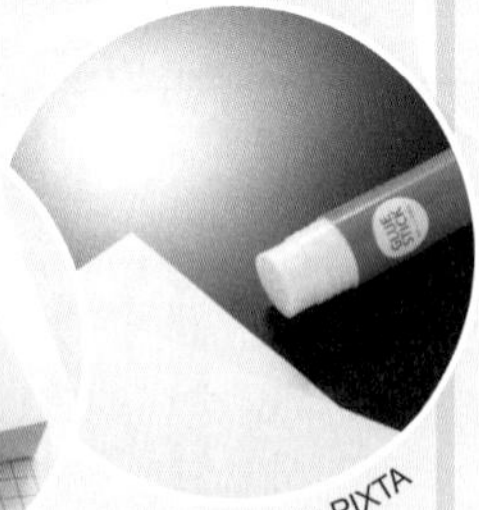
photo: PIXTA

photo: Hegelrast via Wikimedia

photo: la/flickr

煙火

閃耀夏季夜空的煙火，結合了金屬燃燒時發出的光（焰色反應）。

➡參見 182 頁

夏

防晒乳

在炎熱夏季避免烈陽晒傷肌膚的防晒乳，也借用了化學物質的力量。

➡參見 183 頁

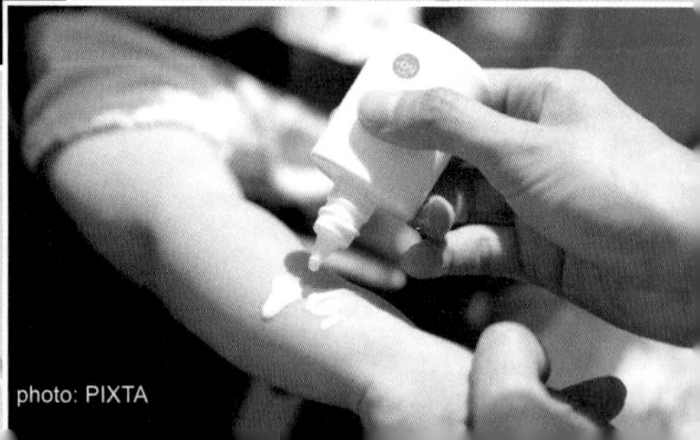
photo: PIXTA

秋

楓葉

楓葉是秋季特有的景色。紅色、黃色與橘色的漸層色調，取決於氣溫和陽光對於色素量的影響。

➡參見 186 頁

秋天的味覺與化學反應

香味是由化學物質生成，甜度則是化學反應製造出來的。

➡參見 71、185 頁

冬

年菜

日本的年菜裡蘊藏著保存食品的化學智慧。

➡參見 188 頁

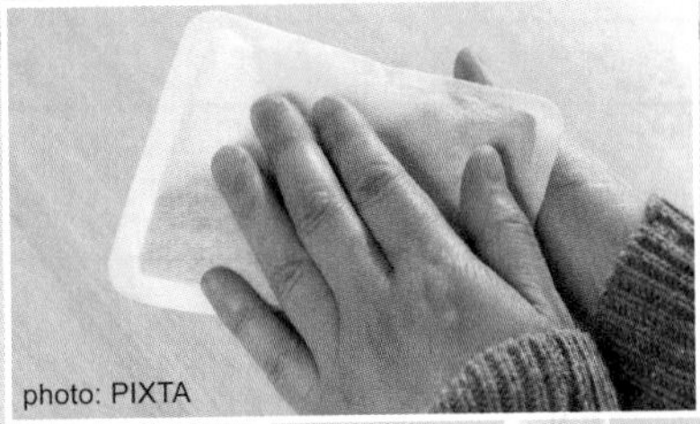

暖暖包

用完就丟的暖暖包，裡面的鐵與氧氣結合後就會生熱，發揮保暖功效。

➡參見 128 頁

吐白煙

吐氣時裡面含有的水蒸氣遇到冷空氣變成水，看起來是白色的。

➡參見 35 頁

photo: PIXTA

↑ 噴霧水幕

水蒸發時，會從周遭空氣吸熱。噴霧水幕就是利用此特性，使戶外涼爽。

➡參見 130 頁

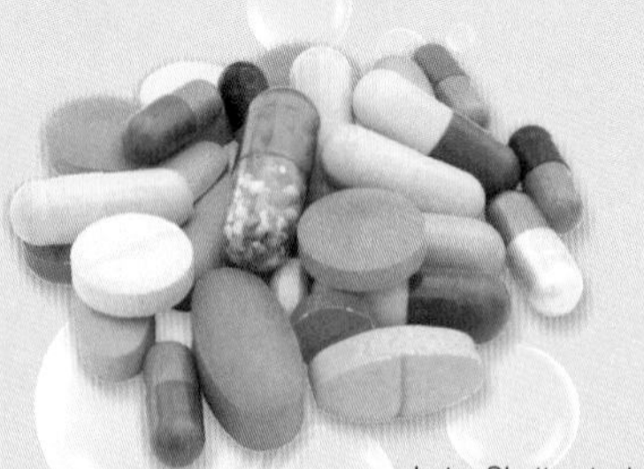

photo: Shutterstock

↑ 醫藥品

藥物幾乎都是由化學物質製成的。

➡參見 145 頁

化學讓生活更便利！

→ 殺菌噴霧

酒精能夠破壞細菌外殼，有效殺菌。

➡參見 146 頁

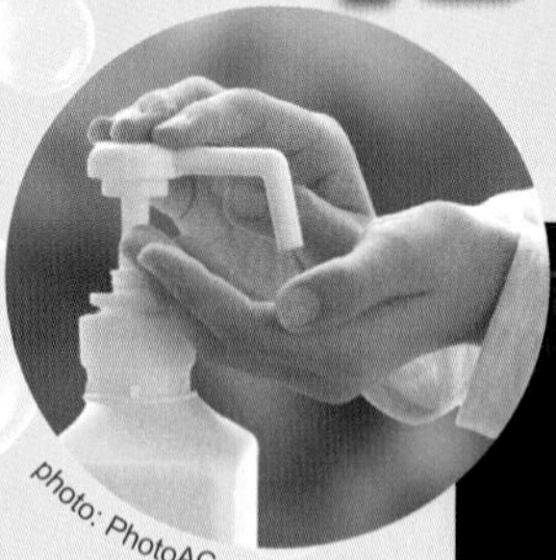

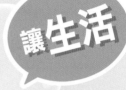

photo: PhotoAC

photo: PIXTA

← 電池

乾電池和充電電池皆是化學反應的應用。

➡參見 164 頁

photo: Goodwin Steel Castings/flickr

← 製鐵

化學反應也運用在製造金屬上。

➡參見 163 頁

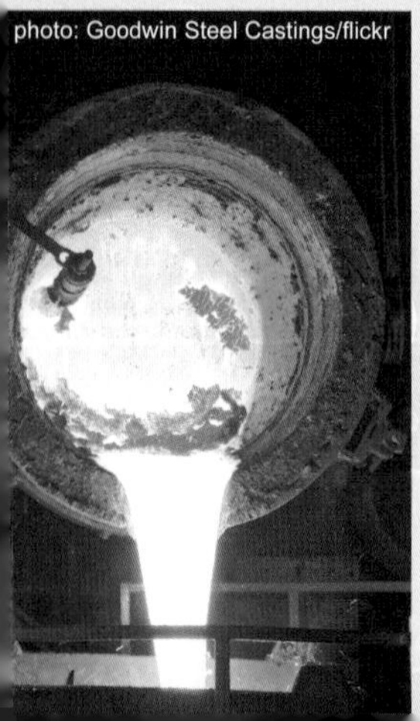

photo: PIXTA

↑ 防火衣

擁有特殊機能的纖維可製成耐熱的防火衣。

➡參見 52 頁

→ 生物可分解塑膠

人類開發出可以在落葉堆肥中被微生物分解的塑膠，有助於解決垃圾問題。

➡參見 149 頁

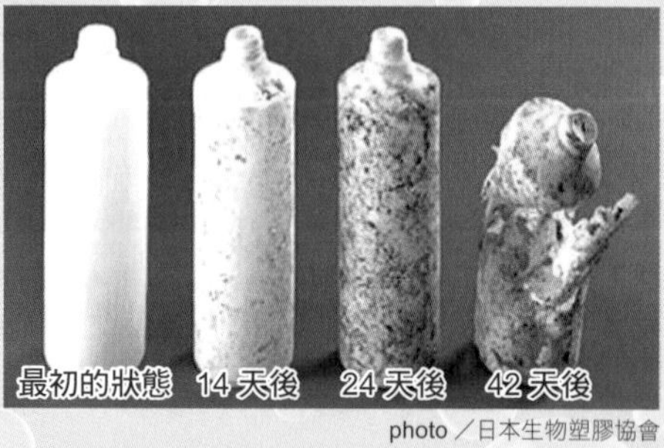

photo／日本生物塑膠協會

哆啦A夢 DORAEMON

知識大探索

KNOWLEDGE WORLD

生活化學驚奇箱

目錄

哆啦A夢知識大探索 生活化學驚奇箱

第2章 家中可見的化學現象

第4章 例行節日的化學現象

＊《哆啦A夢知識大探索》有重複使用《哆啦A夢科學任意門》系列中出現過的漫畫作品。

關於這本書

這本有趣又有用的書，可以一邊閱讀哆啦A夢漫畫，一邊學習化學與生活之間的關聯。

各位聽到「化學」這兩個字，會聯想起什麼呢？我們可以說，日常生活的一切都是由化學組成的。

無論是用橡皮擦擦掉鉛筆寫的字、不刷牙就會蛀牙，或是讓料理變得更好吃，這些全都和化學有關。就連各位的成長，也是拜化學所賜。

專家到目前為止做了各種研究，解開了人類自古以來的許多疑問。每項物質都有其特性，在某些研究中，物質被分割到人類看不見的大小，在實驗過程出現了緊貼、分離、合作等各種現象。我們就是在日常生活中巧妙運用物質特性產生的各種現象。

閱讀本書之後，各位一定能深刻感受到化學就在我們身邊，不只讓生活、學習更快樂，就連幫忙做家事，也會變得更加有趣。

※未特別載明的數據資料，皆為二〇二二年一月的資訊。

一半的一半的一半

看「棒球實況轉播」!!
不，看「全日本貓秀」！
全日本優秀的貓……
這場是本季的冠軍賽耶……
別打了!!
爭電視？你們老是這個樣子……
乾脆把電視切成兩半好了。
這個想法不錯!!
咦!?
什麼!?
「切半刀」!!
哆啦A夢住手！電視會壞掉。

生活化學驚奇箱Q&A

Q 熔化黃金倒入玻璃中，主要會形成哪個顏色？①金色 ②綠色 ③紅色

A ③紅色。黃金熔入玻璃會形成帶紅色的玻璃。

スパ
※撕啪
變成兩台了。
雖然小，但還可以看。
カーン
ワー
ワー
ニャー
ニャー
※鏘、歡呼
※喵喵
靜香打電話給你。
啊——對不起，
我忘了，馬上就過去。
我忘記和她約好要一起寫作業。
快去吧！
但是，球賽正精采……
那就別去。

生活化學驚奇箱Q&A

Q 外型近似以下哪種物體的物質真實存在？①足球 ②羽毛球的羽毛

A ①足球。此物質稱為富勒烯，完全由碳組成，外型近似足球。

生活化學驚奇箱Q&A

Q 有個元素的名稱採用自日本國名。這是真的嗎？

呼呼……
哈呼……
呼呼……
我為什麼這麼倒楣？
不行……了!!
※舔舔
ペロペロ
哇!!
救命啊!!
汪汪。
呀啊!!
我並不是想要偷看你的內褲啦，
只是想躲一下！

A 真的。二〇一六年日本人發現的113號元素，取名為「Nihonium（鉨）」。「Nihon」是「日本」的日語發音。

※掉落

生活化學驚奇箱Q&A

Q 以下哪種寶石的組成元素和鉛筆筆芯相同？①鑽石 ②紅寶石 ③藍寶石

①鑽石。鉛筆筆芯和鑽石都是由碳元素組成的。

把變成一半的我，變回原來的一個人吧！
等這個節目播完再說。
我到靜香家等你。
你好，我是大雄。
怎麼那麼晚才來？
我想……人多……
寫起來應該會比較快……
不對!!這題不該那樣寫，該這樣……
不——我的才是對的。
你太固執!!
吵死了，給我閉嘴!!
自己跟自己就別再吵了啦!!

第1章 物體的形成

同一物體重複分割會有什麼結果？

各位可曾想過你眼前看到的物體是由什麼物質組成的？如果重複分割該物體，最後會出現什麼結果呢？一起來探索吧！

「物品」、「物體」與「物質」

各位現在正在看的書是一種「物品」。各位知道嗎？物品其實代表兩種意思，一般可能認為書就是書這種「物品」，事實上，書既是「物體」也是「物質」（紙製品）。

物體　從形狀、大小和用途判斷的物品名稱。

物質　從組成原料判斷的物品名稱。

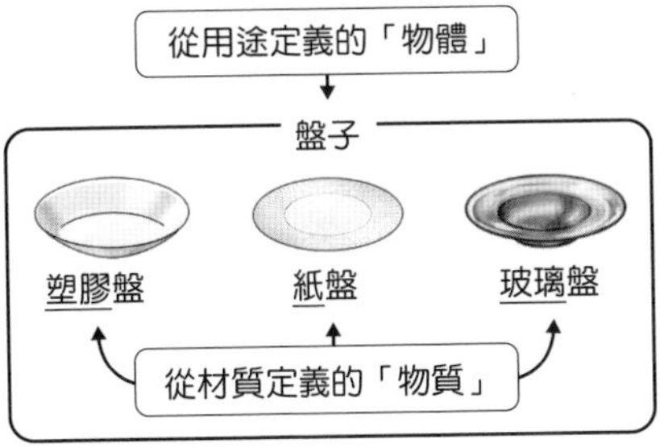
從用途定義的「物體」
盤子
塑膠盤
紙盤
玻璃盤
從材質定義的「物質」

▲物體與物質

舉例來說，各位應該知道「盤子」是什麼物品吧？不過，盤子有很多種，包括塑膠盤、紙盤、玻璃盤等。盤子這個「物品」，既是吃點心時用來裝甜點的「物體」，也是由塑膠、紙等材質組成的「物質」。

簡單來說，物品還能以材料（物質）區分。

純粹的物質和混合不同元素的物質

首先，我們來看看物質有哪些類型。

純物質（純粹的物質）　由單一物質組成，純物質又可分成**單體**和**化合物**。（16頁）

混合物　由多種的物質混合組成。

▼物質族群

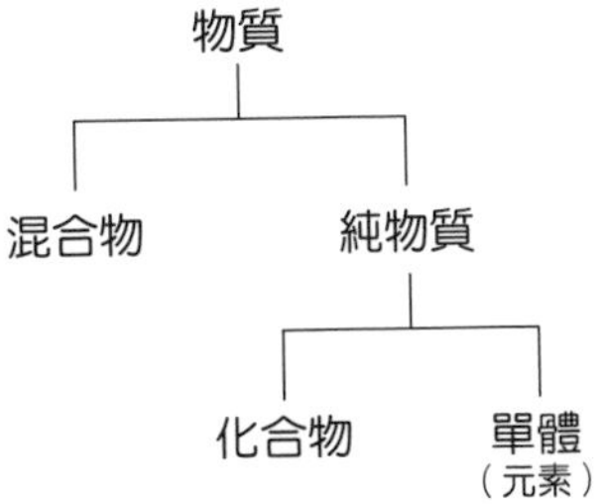
物質
混合物
純物質
化合物
單體
（元素）

各位可能以為物質應該就是由單一物質組成的，但各位不妨回想剛剛舉的「盤子」範例，物質也是材料。以紙來說，紙是一種由木漿、水、糨糊等物質混在一起的混合物。我們呼吸的空氣也是物質，是由氧氣和氮氣混合而成的混合物。

另一方面，由單一物質組成的純物質又是什麼呢？氧氣和氮氣這些組成空氣的材料就是沒有雜質的純物質。此外，水、鹽、糖，以及鐵等金屬也是純物質。我們身邊還有許多這類以最純粹的樣態存在的物質。

單體和化合物

電子顯微鏡是用來觀察微小世界的機器，如果用電子顯微鏡觀察純物質「黃金」，可以看到黃金表面排列著密密麻麻的顆粒。簡單來說，純物質是由許多小顆粒排列而成。

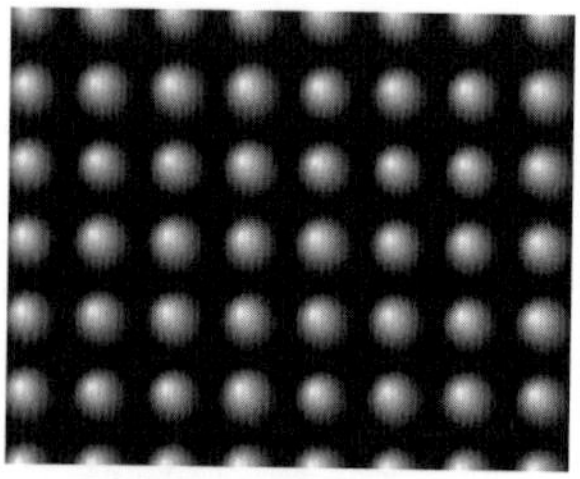

▲以電子顯微鏡觀察，可以看到金屬表面呈現顆粒狀。

這些顆粒如果全都是同一種純物質，稱為單體；若是多種純物質，則稱為化合物。下表是最具代表性的純物質。

新鑄造發行的日本一圓硬幣是由大量鋁粒子組成，由於物質內只有一種顆粒，因此一圓硬幣（鋁）是單體。

水又是什麼物質呢？水是由氫粒子和氧粒子組成，物質內有不同物質顆粒混在一起，因此水應該是化合物。也就是說，水是混合的純物質？純物質中含有不同材

單體	氫氣 H_2	氧氣 O_2	氮氣 N_2	鐵 Fe 鈣 Ca 鈉 Na 鋁 Al	銀 Ag
化合物	水 H_2O	二氧化碳 CO_2	氨 NH_3	氧化銅 CuO 氧化銀 Ag_2O 硫化鐵 FeS	氯化鈉 NaCl

▲單體和化合物的分類與代表範例

質，各位會不會覺得很奇怪呢？

照理說，純物質應該是由一種材質組成的物質，但由多種物質組成的化合物，之所以也是純物質，那是因為顆粒與顆粒會結合在一起，形成族群。讓我們切開純物質，進一步了解隱藏其中的族群吧！

純物質之所以是物質的界線

讓我們打開水龍頭倒一杯水吧！杯子裡的水是從水龍頭的水分割出來的，兩者擁有相同性質。簡單來說，將水分割得小一點，也不會改變它是水的事實。由於純物質是由一種物質組成，因此無論拿走哪個部分都不會改變性質。

讓我們繼續分割水，直到眼睛看不見的程度。最後水就會變成兩個H粒子和一個O粒子，總計三個粒子組成的族群。這個小族群也具有和水相同的性質。

話說回來，如果將這個族群分成個別顆粒，結果將會如何？神奇的是，當兩個H粒子和一個O粒子的族群分成個別的三個顆粒，它們就失去了水的性質。總而言之，兩個H粒子和一個O粒子的小族群，是擁有水性質的最小單位。這就是**分子**。

另一方面，鹽（氯化鈉）和水一樣，也是純物質。將鹽分割得小一點，就會發現有許多Na粒子和Cl粒子結合在一起。將這些結合在一起的粒子分開，就是單純的Na粒子、Cl粒子，完全不具有鹽的性質，這和水的狀況一樣。話說回來，將一個Na和一個Cl結合在一起的物質是分子嗎？神奇的是，只結合一個Na和一個Cl相當不穩定，當這兩種粒子大量結合，才會具有鹽的性質。

簡單來說，雖然沒有形成固定顆粒數的族群（分子），但是由許多顆粒聚集在一起的物質也是純物質。鐵和鋁等金屬也是不組成分子的物質。

對了，各位知道跟在那些粒子旁的神奇符號是什麼嗎？那些稱為**元素符號**，代表粒子的種類，也就是**元素**的背號。一起來看看有哪些元素吧！

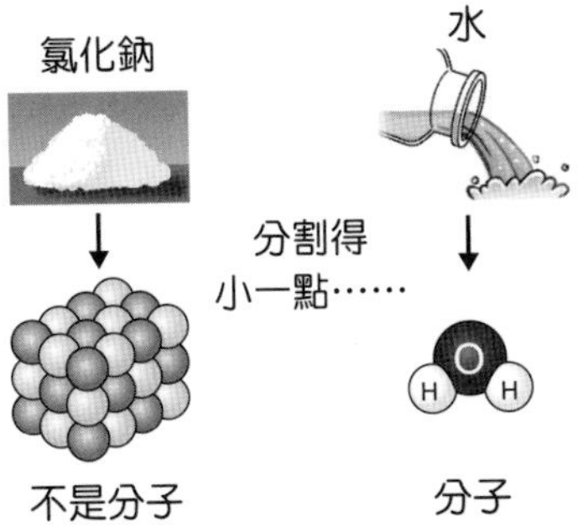

▲組成分子的物質（水）與無法組成分子的物質（氯化鈉）

週期表與元素性質

首先，元素有幾個呢？如果各位認為只有二十個，那就大錯特錯了！

在這個地球上目前光是人類已知的元素，就有將近一百二十種。包括存在於我們身邊的天然元素，以及原本不存在、由人類製造出來的元素，這些擁有不同性質的元素相互結合，形成物質。

如果只是隨意的介紹這一百二十個元素，無論是誰都無法分辨這些元素擁有什麼特性。各位請翻閱第二十到二十一頁，參考依元素重量排列而成的表格。這個表格稱為**週期表**，之後發現的新元素也會持續的被更新至表格中。

令人意外的是，由輕到重的排列元素，每隔一定的間隔就會出現性質相似的元素。這一個現象稱為**元素週期律**。

顯示週期律是因為價電子（參見二十五頁）數產生週期性的變化。週期表是根據元素性質統整而成，因此表格並不工整，卻可輕鬆掌握週期律。**週期表**中縱向排列的元素具有類似性質，稱為**同族元素**；橫向排列的是質量相近的**同週期元素**。

小知識

週期表與元素預言

在週期表尚未出現之前，俄國化學家門得列夫發現元素質量與性質之間的週期性關係。於是他根據質量與性質，將元素統整成表格，發現表格有許多空白欄位。他認為「空白欄位應該也有元素存在」，於是預言了未知元素的性質。大約二十年後才發現的鍺，就是其中之一。而且鍺的質量與性質，和門得列夫的預言一模一樣！簡單來說，鍺的出現證實了門得列夫統整的週期表和週期律正確無誤。

▲德米特里・門得列夫（Dmitri Mendeleev, 1834-1907）

影像來源 / Science History Institute

各具特色的元素們

話說回來，週期律顯示出哪些性質？首先來看週期表中的位置和元素分類，了解元素性質吧！

①主族元素與過渡元素　價電子數呈現週期性變化的1、2、12至18族元素稱為**主族元素**，價電子數幾乎不變的3至11族元素稱為**過渡元素**。主族元素裡其同族內之間大多化學性質相似，過渡元素與同週期元素的性質相似。由於過渡元素有許多我們常見的金屬，因此也稱過渡金屬。

②金屬元素與非金屬元素　金屬擁有各種獨特性質，包括擦拭會發亮（金屬光澤）、可敲成薄片（展性）、可拉成細絲（延性）、可通電（導電性）等。由具有上述性質的元素組成的單體稱為**金屬元素**，由不具有上述性質的元素組成的單體稱為**非金屬元素**。一般來說，金屬元素位於週期表左側、非金屬元素位於週期表右側，請先記住這一點。對了，氫雖然位於左側，但屬於非金屬元素。

③有名字的同族元素　位置越靠近週期表邊緣，元素性質越獨特。尤其是位於最左邊的1、2族，與位於最右邊的17、18族，這四個族的元素都有名字，一起來看看它們的特性吧！

鹼金屬（H以外的1族）、鹼土金屬（Be、Mg以外的2族元素）　這些元素很輕柔，有些在水中或空氣中會出現劇烈反應，如色彩繽紛的焰色反應（參見一八二頁）

鹵素（17族）　顏色特別且毒性強烈的元素。常用於殺菌劑和清潔劑。

惰性氣體（18族）　這族的元素不會結合在一起，無色無味，毫無存在感，十分的穩定，而且通電就會變色，方便應用在生活之中。

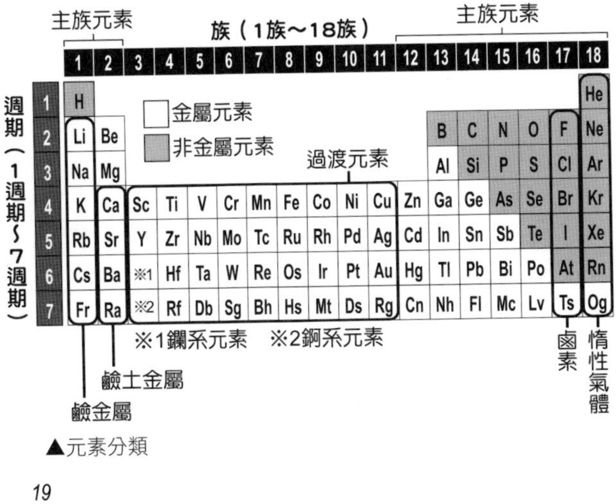
主族元素
族（1族～18族）
主族元素
1 2 3 4 5 6 7 8 9 10 11 12 13 14 15 16 17 18
週期（1週期～7週期）
金屬元素
非金屬元素
過渡元素
1 H He
2 Li Be B C N O F Ne
3 Na Mg Al Si P S Cl Ar
4 K Ca Sc Ti V Cr Mn Fe Co Ni Cu Zn Ga Ge As Se Br Kr
5 Rb Sr Y Zr Nb Mo Tc Ru Rh Pd Ag Cd In Sn Sb Te I Xe
6 Cs Ba ※1 Hf Ta W Re Os Ir Pt Au Hg Tl Pb Bi Po At Rn
7 Fr Ra ※2 Rf Db Sg Bh Hs Mt Ds Rg Cn Nh Fl Mc Lv Ts Og
※1鑭系元素　※2錒系元素
鹵素
惰性氣體
鹼土金屬
鹼金屬

▲元素分類

性質

- 金屬元素
- 非金屬元素

10	11	12	13	14	15	16	17	18
								2 He 氦
			5 B 硼	6 C 碳	7 N 氮	8 O 氧	9 F 氟	10 Ne 氖
			13 Al 鋁	14 Si 矽	15 P 磷	16 S 硫	17 Cl 氯	18 Ar 氬
28 Ni 鎳	29 Cu 銅	30 Zn 鋅	31 Ga 鎵	32 Ge 鍺	33 As 砷	34 Se 硒	35 Br 溴	36 Kr 氪
46 Pd 鈀	47 Ag 銀	48 Cd 鎘	49 In 銦	50 Sn 錫	51 Sb 銻	52 Te 碲	53 I 碘	54 Xe 氙
78 Pt 鉑	79 Au 金	80 Hg 汞	81 Tl 鉈	82 Pb 鉛	83 Bi 鉍	84 Po 釙	85 At 砈	86 Rn 氡
110 Ds 鐽	111 Rg 錀	112 Cn 鎶	113 Nh 鉨	114 Fl 鈇	115 Mc 鏌	116 Lv 鉝	117 Ts 鿬	118 Og 鿫

63 Eu 銪	64 Gd 釓	65 Tb 鋱	66 Dy 鏑	67 Ho 鈥	68 Er 鉺	69 Tm 銩	70 Yb 鐿	71 Lu 鎦
95 Am 鋂	96 Cm 鋦	97 Bk 鉳	98 Cf 鉲	99 Es 鑀	100 Fm 鐨	101 Md 鍆	102 No 鍩	103 Lr 鐒

週期表

範例

79 Au 金

- 原子序：79
- 元素符號：Au
- 元素中文名：金
- 狀態：
  - (圓形) 在常溫常壓下為氣體
  - (六角形) 在常溫常壓下為液體
  - (方形) 在常溫常壓下為固體
  - (灰色) 形狀不明
- (蝴蝶結) 過渡元素

1	2	3	4	5	6	7	8	9
1 H 氫								
3 Li 鋰	4 Be 鈹							
11 Na 鈉	12 Mg 鎂							
19 K 鉀	20 Ca 鈣	21 Sc 鈧	22 Ti 鈦	23 V 釩	24 Cr 鉻	25 Mn 錳	26 Fe 鐵	27 Co 鈷
37 Rb 銣	38 Sr 鍶	39 Y 釔	40 Zr 鋯	41 Nb 鈮	42 Mo 鉬	43 Tc 鎝	44 Ru 釕	45 Rh 銠
55 Cs 銫	56 Ba 鋇	57-71 鑭系	72 Hf 鉿	73 Ta 鉭	74 W 鎢	75 Re 錸	76 Os 鋨	77 Ir 銥
87 Fr 鍅	88 Ra 鐳	89-103 錒系	104 Rf 鑪	105 Db 𨧀	106 Sg 𨭎	107 Bh 𨨏	108 Hs 𨭆	109 Mt 䥑

57-71 鑭系元素	57 La 鑭	58 Ce 鈰	59 Pr 鐠	60 Nd 釹	61 Pm 鉕	62 Sm 釤
89-103 錒系元素	89 Ac 錒	90 Th 釷	91 Pa 鏷	92 U 鈾	93 Np 錼	94 Pu 鈽

相同元素也有不同性質？

各元素都有獨特性質，不過，以相同元素形成的物質都具有相同性質嗎？

答案是否定的。舉例來說，鑽石（寶石）與石墨（鉛筆筆芯）都是由碳組成的物質，但兩者的外觀和性質卻截然不同。像這樣由相同元素組成的單體，且具有不同性質的兩種物質，稱為**同素異形體**。接下來介紹幾個同素異形體範例。

氧氣與臭氧（氧氣的同素異形體）

氧氣是由兩個O粒子、臭氧是由三個O粒子組成的分子所形成，雖然它們的差異很小，外觀和性質截然不同。

氧氣無色無味，是維持我們生命的重要氣體；臭氧是帶著青草鮮味的淡藍色有毒氣體。不僅如此，氧氣十分穩定，臭氧卻極易分解。

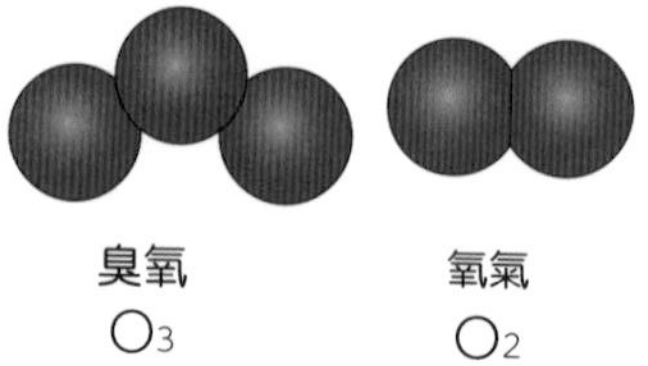

臭氧
O_3
氧氣
O_2

▲氧 O 的同素異形體：臭氧與氧氣

鑽石與石墨（碳的同素異形體）

鑽石與石墨都是由大量的C粒子結合而成的物質。

這兩者的差異在哪裡呢？答案是大量粒子的結合方式。詳情之後再說明（參見三十七頁）。

鑽石裡的C粒子緊密結合，質地堅硬。石墨則是由好幾層C粒子形成的六角形疊層結構組成。兩個C粒子能緊密結合，但兩層之間的連結十分脆弱，可以一層層剝開。人類就是用疊層結構可輕鬆剝落的性質，拿鉛筆寫字畫畫（參見一八〇頁）。其他的碳同素異形體還包括有著足球形狀的富勒烯。

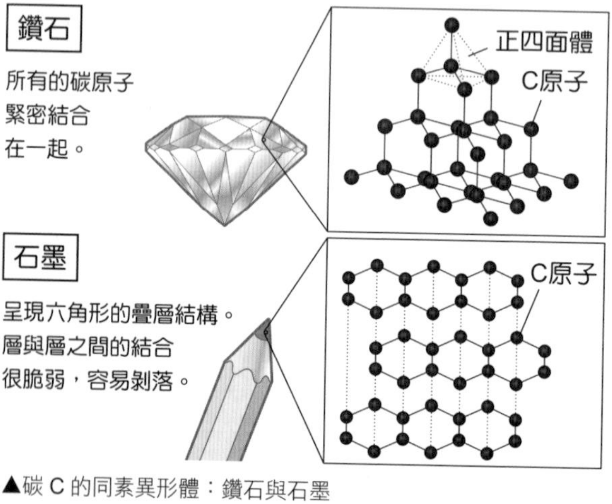

鑽石
所有的碳原子
緊密結合
在一起。
正四面體
C原子
石墨
呈現六角形的疊層結構。
層與層之間的結合
很脆弱，容易剝落。
C原子

▲碳 C 的同素異形體：鑽石與石墨

構成物質的最小粒子

第十六頁已經提過，物質的表面是顆粒狀的。簡單來說，物質是由大量顆粒組成的。不過，這些顆粒是元素嗎？

其實不是。這些顆粒稱為原子，原子聚集在一起形成一個元素。原子的顆粒很小，一公分的大小可排列大約一億個原子，各位可以想像嗎？

不過，即使是這麼小的原子也有重量。日本的一圓硬幣大約含有22,000,000,000,000,000,000,000個鋁原子，數量相當龐大，重量則只有一公克。我們也能在日常生活中，感受一下許多原子組成的物質重量。

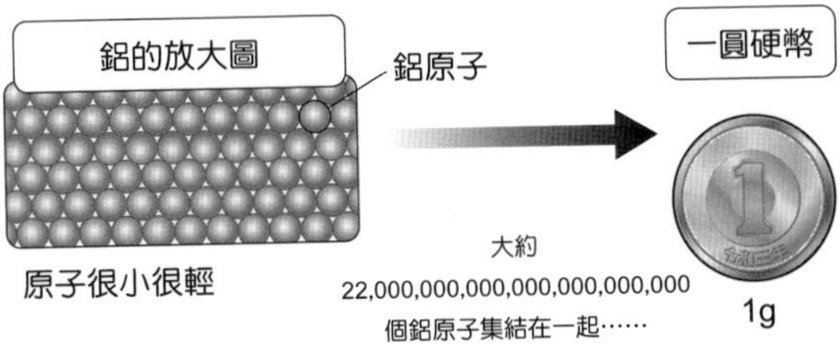

鋁的放大圖
鋁原子
原子很小很輕
一圓硬幣
大約
22,000,000,000,000,000,000,000
個鋁原子集結在一起……
1g

▲一圓硬幣是由很多鋁原子組成

雖然也是有例外的狀況，不過基本上原子具備以下特性。

- **用一般的化學方式無法分割原子。**
- **不同種類的原子，各有固定的質量和大小。**
- **原子無法變成其他種類的原子，而且不會消失，也不會換新。**

一八〇三年，英國學者約翰・道耳頓發表「原子是不可再分割的最小微粒」理論。由於原子很小，人類看不見，因此當時的人們對於原子是否存在抱持著半信半疑的態度。但隨著科技進步，人類可以透過電子顯微鏡看到原子之後，世人才確定道耳頓的理論是對的。

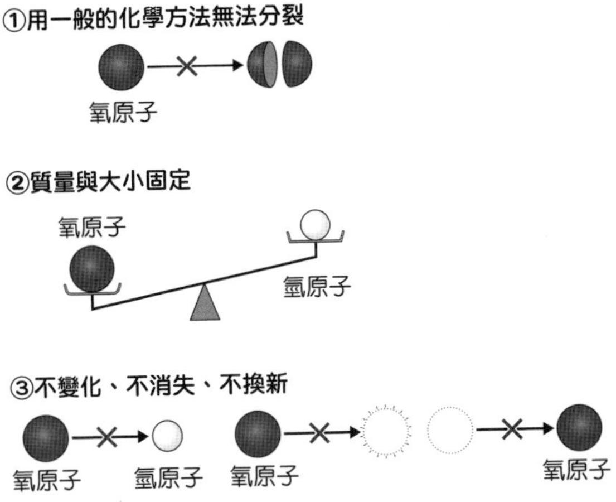

①用一般的化學方法無法分裂
氧原子
②質量與大小固定
氧原子
氫原子
③不變化、不消失、不換新
氧原子
氫原子
氧原子
氧原子

▲原子性質

原子的內容與同位素

雖然原子不能再以化學方式分割，但我們可以仔細觀察原子。原子是由**原子核**與**電子**組成，原子核可以再進一步細分成**質子**與**中子**等微粒。簡單來說，質子與中子形成原子核，原子核四周帶電子的結構就是原子。

質子帶正電、電子帶負電，彼此像磁鐵一樣互相吸引，這是電子不會跑掉的原因。各位應該知道地球是繞著太陽轉的，不妨想像原子核是太陽，電子是地球，就能明白兩者的關係。

大家都知道，吸入氦氣後，說話聲音就會變尖變高。氦氣其實是惰性氣體，就

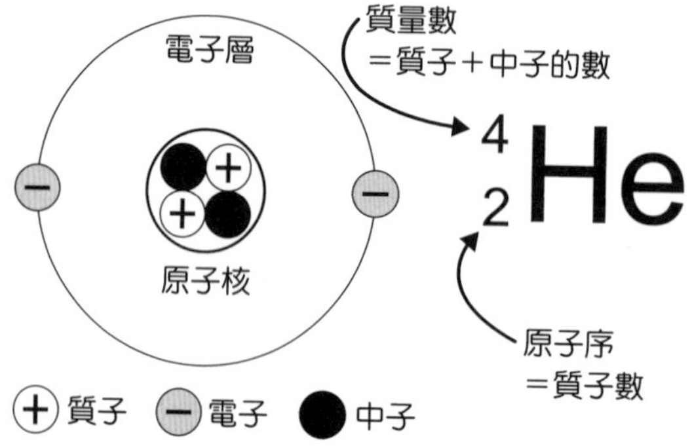
電子層
原子核
質量數
＝質子＋中子的數
$^{4}_{2}$He
原子序
＝質子數
質子
電子
中子

▲氦 He 原子結構

讓我們來看看氦原子He的構造吧！各位請參照上圖，兩個質子和兩個中子形成了原子核，周圍還有兩個電子。此時由於正電和負電的數量相等，原子保持電中性。位於元素符號左下方的**原子序**，顯示質子的數量。

上圖中所有的粒子看起來似乎一樣大，但實際上電子遠比質子和中子小，重量也只有質子的兩千分之一左右。因此，原子的質量可以說是質子與中子質量的總計。質子與中子的質量幾乎相同，左上方的數字是質子與中子數合計的**質量數**。總的來說，$^{4}_{2}$He代表的是原子序2、質量數4的氦原子。

雖然是相同元素，但中子數不同的原子就稱為**同位素**。在這裡以氫為例子為各位說明。氫含有三種原子，一個質子與一個電子的基本構造相同，只有中子數不同。

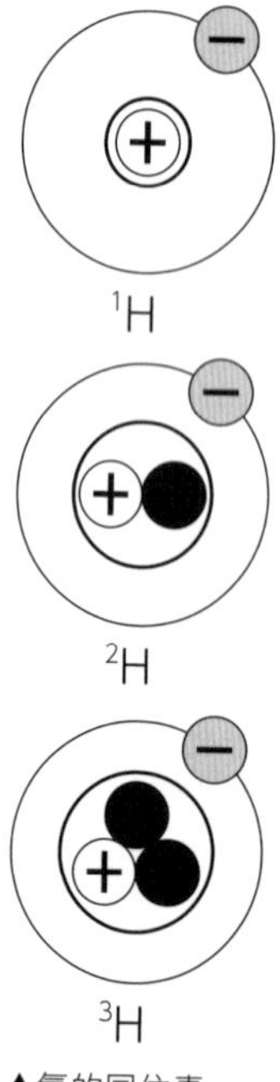
^{1}H
^{2}H
^{3}H

▲氫的同位素

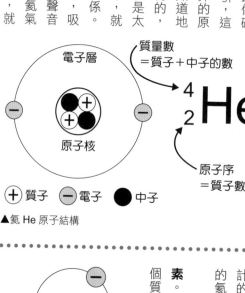

電子的穩定性和離子

質子數因元素而定，同位素的差異在於中子數，各位知道電子數如何變化嗎？

原子核的四周有一個名為**電子層**的空間，這是電子存在的地方。由內往外為K層、L層……電子帶負電，受到原子核的正電吸引，朝原子核移動。簡單來說，離原子核越近的層，電子待起來更穩定。因此電子會爭先恐後的往最靠近原子核的層前進，速度最快的電子自然能搶到最好的位置。位於最外側電子層的電子稱為**價電子**，最容易變動。當各電子層擠滿電子，是原子最穩定的狀態。電子會在什麼時候進出電子層呢？

接著以鈉Na為例來進行說明。鈉的電子數為11個，當它們擠滿電子層時，只有1個電子會待在最外層。若能釋出這個電子，電子層就會變穩定。不過，此時會形成11個質子、10個電子的狀態，使原子帶正電。帶正電的狀態稱為**陽離子**，在右上方加上＋符號，以Na^+表示。

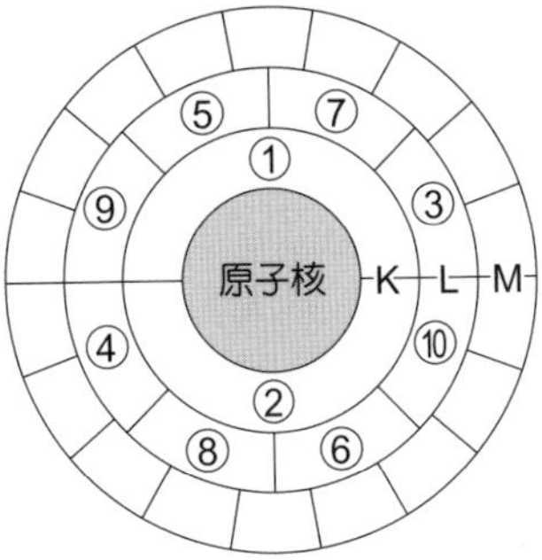
原子核
K
L
M
①
②
③
④
⑤
⑥
⑦
⑧
⑨
⑩
▲電子層的模式圖

另一方面，氟F的電子數為9個。若能獲得一個電子，電子層就會變穩定。不過，此時會形成9個質子、10個電子的狀態，使原子帶負電。帶負電的狀態稱為**陰離子**，在右上方加上－符號。

總而言之，離子是原子的正負電荷失衡狀態。若是有多個電子進出，只要看元素符號的右上方（例如Ca^{2+}），就知道有幾個電子進出。

▼氟化物離子（陰離子）形成過程

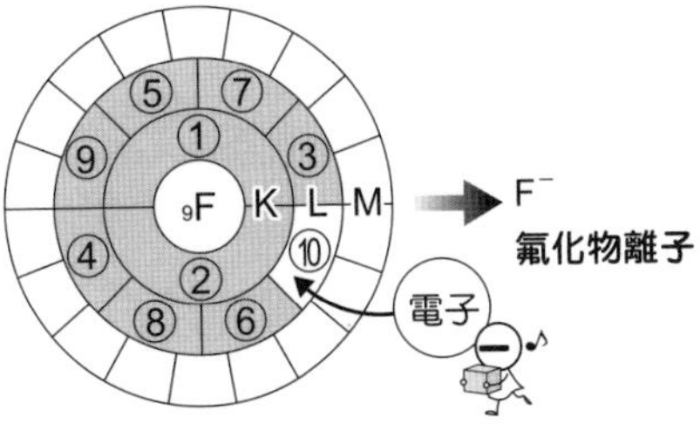
$_9F$
K
L
M
電子
F^-
氟化物離子
多加一個電子就變穩定
⇒加入後形成陰離子

▼鈉離子（陽離子）形成過程

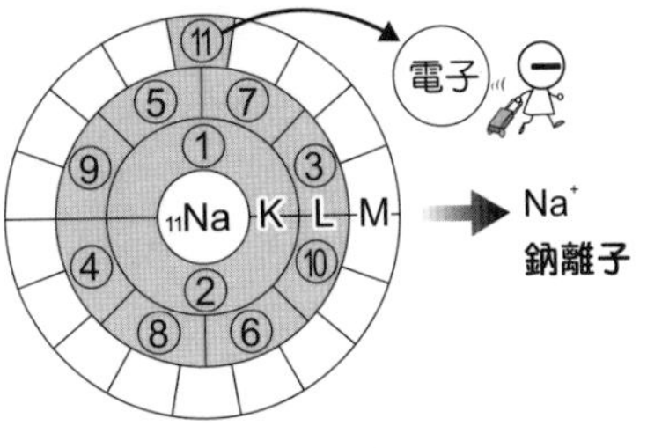
$_{11}Na$
K
L
M
電子
Na^+
鈉離子
減少一個電子就變穩定
⇒釋出後形成陽離子

型態轉換錠

好熱喔……
熱死了。
快躲進涼爽的房間去……
躺下來睡午覺。
ペタ〜
※癱軟
※撲通
ポチャ
喂，不要亂扔東西進來啦！
ムクムク
※晃動、晃動
人家特地變成液體，睡得正舒服耶……
液體？

※晃、晃

生活化學驚奇箱Q&A

Q 冰浮在水面上是很特殊的現象。這是真的嗎？

※晃動

A 真的。相同物質的固體密度大於液體，通常固體會沉入液體之中。但水是少見的液體密度大於固體的物質。

生活化學驚奇箱Q&A

Q 鑽石絕對不會燃燒。這是真的嗎？

※啵

A 假的。鑽石和煤炭一樣，由碳組成，因此只要用火點燃，就會變成二氧化碳。

生活化學驚奇箱Q&A

Q 物質燃燒一定會留下重量較輕的灰燼。這是真的嗎？

※咻～
你以為擋得住煙嗎？
可惡～你究竟要糾纏我到什麼時候？
別放在心上。
喂，不要亂翻人家的房間。
你也藏了零分的考卷啊？
不要告訴我媽。
求求你。
原諒我。
胖虎向我低頭了。
啊～好爽喔。

A 假的。金屬（例如鐵）燃燒會與氧結合，生成比原本物質更重的物質。

※咻～
ビュウ
起風了!!被吹散就無法恢復了。
快點躲起來!!
快過一個小時了。恢復原狀後，我馬上離開。你聽我解釋嘛！
我的解釋行不通。

隨興變身，變化多端！物質變化的祕密

我們很難自由隨興的改變外觀，但各位不妨看看自己的周遭，許多東西會溶解、凝固或是往上飄浮，變化出各種姿態。

水、冰和水蒸氣都是「水」

水是我們日常生活中不可或缺的，將水放進冷凍庫就會凝固成堅硬的冰。相反的，放在火上加熱，就會形成熱氣（水蒸氣）。雖然呈現出來的外觀不同，但這些都是「水」。

物質可以變化成三種狀態，分別是**固體**、**液體**和**氣體**，稱為**物質三態**。

▲物質三態

固體就是像冰一樣的堅硬物體。這本書、你現在穿的衣服、在地面上滾動的石頭都有各自的外觀，也是我們可以用手拿的固體。

液體就像水一樣，眼睛看得見、手摸得到，可以變化出各種形狀。我們喝的茶、做菜用的油、放在浴室裡的洗髮精都是液體。

氣體則是像水蒸氣一樣質地輕盈，用手摸不到。例如空氣、我們吐出的氣息、碳酸飲料的泡泡，這些都是氣體。氣味也是氣體，雖然眼睛看不見，吸入鼻子時，會讓我們產生「好臭」、「是炒麵的味道耶」等反應。

簡單來說，物質改變自己外觀的現象稱為**物態變化**。

「變動性高」是改變狀態的關鍵

分子與原子會成群移動，這是它們的性質。在此先說明成群移動的單位，也就是「粒子」。

基本上，粒子可以自由移動，但若是任意移動就無法維持物質的型態。粒子與粒子之間有吸引力，才能維持物質的型態。接下來，我們一起思考物質會在什麼時候改變狀態。

溫度夠低的時候，水會凝結成冰；溫度夠高的時候，水會變成水蒸氣。水在溫度低的時候，呈現堅硬的固體狀態，「吸引力」大過「活動力」，粒子於是無法自由活動。

溫度稍微上升一些後，粒子就能稍微的移動。不過，由於有「吸引力」的關係，移動的範圍有限。這就是擁有「有限自由」的液體狀態。固體變成液體的溫度稱為**熔點**。

等溫度再更升高一點，粒子擺脫了綁住彼此的「吸引力」，可以自由移動。粒子可自由移動的狀態就稱為氣體，液體變成氣體時的溫度稱為**沸點**。

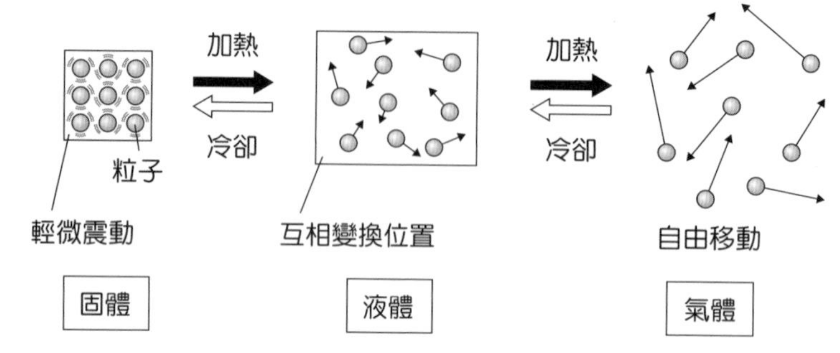
加熱
冷卻
加熱
冷卻
粒子
輕微震動
互相變換位置
自由移動
固體
液體
氣體

▲物質的物態變化與粒子的自由度

除了溫度，壓力（擠壓力道）改變也會引起物態變化。當我們被壓制時，也會無法動彈。

雖說物態變化使物質的外觀改變，但只改變了粒子的移動範圍，內容還是一樣。換句話說，**物態變化不改變質量（重量），而是改變體積（移動範圍）**。移動受到限制的固體和液體，體積的變化並不大，但粒子可自由移動的氣體體積，有時可高達固體或液體的一千倍。

原子的結合與化學變化

物態變化只會改變粒子的移動範圍，儘管外觀改變，內容絲毫未變。不過，物質會因為各種原因轉變成新物質，當一個物質與另一個物質相遇，產生一個全新的物質，這個現象稱為**化學變化**。

在化學變化中，透過物質的原子交換，與不同原子組合，生成另一個物質。

話說回來，原子與分子如何生成物質？原子與原子的結合，亦即**化學鍵**發揮了極大作用。

化學鍵有以下幾種：

離子鍵 帶靜電的陽離子和陰離子（二十五頁），是靠靜電的力量結合在一起。磁鐵的N極（指北極）與S極（指南極）會互相吸引，同樣的，＋的陽離子與－的陰離子也會緊密相連。兩者結合而成的固體稱為**離子晶體**，雖然很堅硬，但也很容易解體。溶於水中，＋與－就會分離，可以通電。

例：氯化鈉、氧化鈣

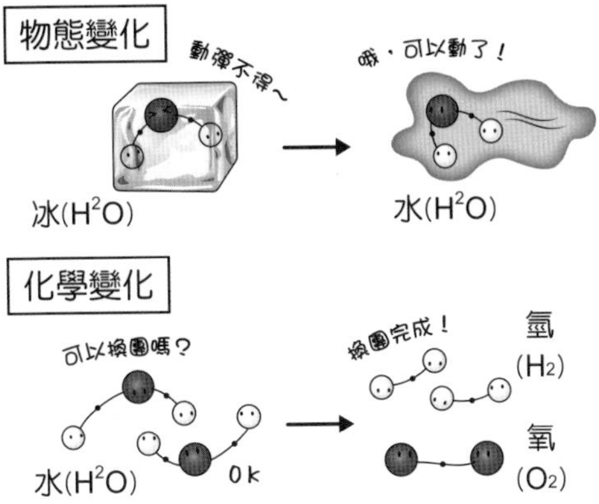
物態變化
動彈不得～
哦，可以動了！
冰(H^2O)
水(H^2O)
化學變化
可以換圈嗎？
換圈完成！
氫
(H_2)
氧
(O_2)
水(H^2O)
0k
▲物態變化與化學變化

金屬鍵 聚集在一起的原子共享可自由移動的電子（**自由電子**），電子可以在此化學鍵中自由移動。原子呈現周期性排列的固體稱為**金屬晶體**，形成如金銀般具導電性，具有可敲成薄片等特性的**金屬**。金屬幾乎都是金屬晶體，但也有例外。

共價鍵 兩個原子各釋出一個電子，與對方共享的化學鍵。各元素可形成的共價鍵數是固定的，若是與共價鍵類似的**配位鍵**，則是由一方的原子釋出兩個電子，與對方共享。外觀看起來和共價鍵一樣。原子在這樣的方式下結合排列的固體稱為**原子晶體（共價晶體）**，質地相當堅硬。

鑽石、水、氧氣都是以共價鍵型態形成的物質。

基本上，透過離子鍵與金屬鍵結合的物質，都是固體。不過，共價鍵形成的物質中，有些可以變化成不同物態。

其差異在於是否形成分子。即使

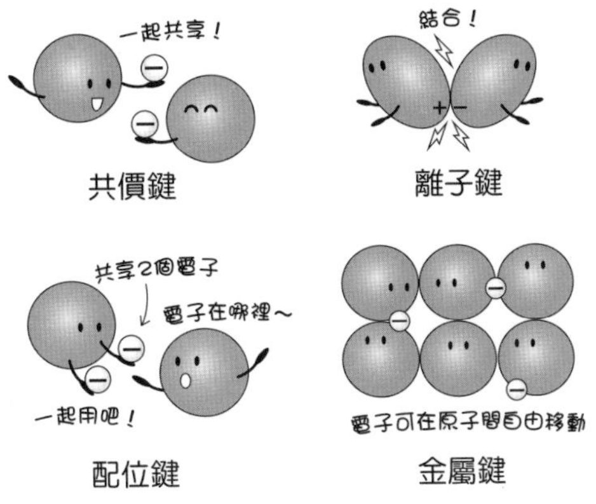
一起共享！
共價鍵
結合！
離子鍵
共享2個電子
電子在哪裡～
一起用吧！
配位鍵
電子可在原子間自由移動
金屬鍵
▲各種化學鍵

原子透過共價鍵緊密的連結，分子之間只有微弱的力量互相吸引。正因為吸引力很弱，所以很容易變成液體和氣體。

分子間作用力　吸引分子連結的微弱力量。「吸引力」（參見三十六頁）是物態變化的關鍵，也是分子間作用力。

比起前方介紹的化學鍵，分子間作用力的連結強度很低。正因如此，分子才能脫離化學鍵，自由移動，轉變成液體或固體。由分子間作用力形成的固體稱為**分子晶體**。

一起來製作物質！

了解化學變化與化學鍵之後，接著來看物質的形成過程吧！物質的製造方法就像建立一個棒球隊。現在就把自己當成總教練，一起打造物質隊吧！

【第一階段】收集資訊，思考戰略

首先要思考製作物質的戰略。打造棒球隊時，一定要了解選手特性，預估每個位置需網羅幾名選手，構思想打造什麼樣的隊伍，這些觀念很重要。

製作物質時也一樣，必須了解元素特性，預估需網羅幾個什麼樣的元素（原子），構思要用什麼樣的化學鍵串起原子。一定要好好收集資訊，規劃戰略。

【第二階段】選擇原子並打造小組

確定戰略後，選擇物質的基礎原子，透過化學鍵形成小組。如果是由分子組成小組，必須先利用共價鍵緊密結合，製作許多相同分子才能組成。如果不製作分子，就要選擇最適合的化學鍵，事先排列組合晶體。

【第三階段】撰寫選手登錄表＝製作化學式

決定好組成小組的原子或化學鍵後，就要思考怎麼寫**化學式**。聽起來好像很複雜，但其實並不難。將每個元素的元素符號攤開來看，寫下團隊中有幾個元素即可。以棒球隊來比喻，就是寫選手登錄表。

接著以水為例，練習寫化學式。水是由兩個氫（H）和一個氧（O）組成的分子，化學式是H_2O。為了突顯元素符號，數字要寫得小一點。看到化學式，就很清楚這個組合的元素有哪些。

另一方面，不製作分子的物質該怎麼辨呢？以鹽（氯化鈉）為例，鹽是由Na與Cl透過離子鍵大量結合形成的。

由於很難確定要有幾個才算一組，因此各取一個原子做代表，寫成化學式 NaCl。此化學式顯示了 Na 與 Cl 以一比一的比例結合而成的物質，又稱為**實驗式**。

寫好化學式後，就要為團隊取名。在此之前，必須先了解取名字的繁複規則。幾乎世界上所有物質的正式名稱（化合物名與物質名）都非常難唸，通常我們會以暱稱（一般名稱）稱呼。各位身邊的常見物質名稱大多是暱稱。

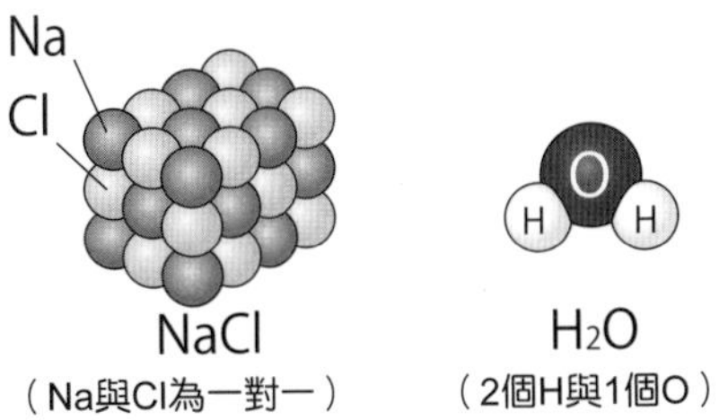
Na
Cl
O
H
H
NaCl
（Na與Cl為一對一）
H_2O
（2個H與1個O）

▲化學式是表示物質內容的簡式

商品名稱：糖（方糖）
一般名稱：蔗糖

正式名稱好長！

化合物名稱：
(2R,3R,4S,5S,6R)-2-[(2S,3S,4S,5R)-3,4-dihydroxy-2,5-bis(hydroxymethyl)oxolan-2-yl]oxy-6-(hydroxymethyl)oxane-3,4,5-triol

▲糖的正式名稱和暱稱

【第四階段】集結小組，組成大團

大量集結可用化學式表示的小組，就能組成名為「物質」的大團。每個小組都有其特性，可發揮作用，可惜體積太小，我們看不見，也無法好好運用。

因此，必須透過分子間作用力或靜電力緊密結合數量龐大的小組，形成我們平時常見的物質。

【第五階段】組成大團後可直接使用或混合運用

在第四階段組成的大團是用相同材料形成的純物質。可以直接使用，也能混合運用，創造新物質。人類可透過這個方法創造出各式各樣的物質及各種不同的東西。

各位是否對於物質的形成過程有點概念了呢？在形成的物質中，有些很穩定，有些則會與周遭的物質交換原子，變化出不同外觀。以化學式表示的變化過程，稱為**化學反應**。

▼物質的形成過程

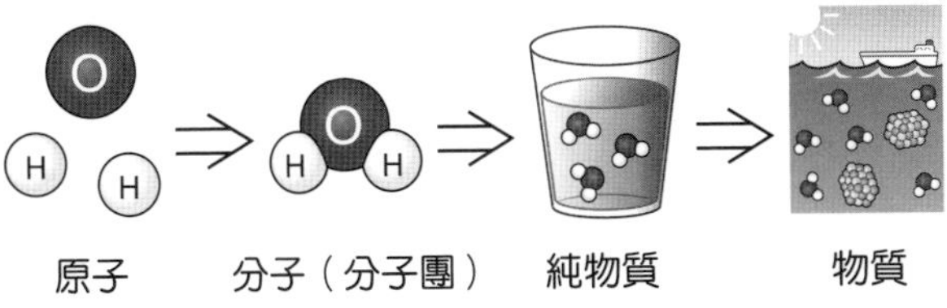
O
H
H
原子
分子（分子團）
純物質
物質

改變組成分子 創造無限可能

接著以身邊的例子來思考化學反應式吧！全新的日本十圓硬幣閃閃發亮，但是放久了卻會慢慢變黑，失去光澤。這是因為日本十圓硬幣是用銅製成的，銅接觸空氣中的氧氣就會產生化學變化（參見三十六頁），使硬幣變色。

在此使用化學式來表示參與這次化學變化的不同角色吧！銅的元素符號是Cu（參見二十頁），氧是結合兩個O，形成氧分子O_2。氧化銅是由一個Cu和一個O組成，因此化學式是CuO。

第一步先將原本的原子團解體，再讓Cu與O形成一組。如此一來，就會多出一個O，感覺真是孤單啊！

請各位回想一下，物質是集結大量小組形成的大團。這代表銅基團裡有許多Cu，其他的Cu會與多出來的O形成一組，因此所有的原子都會進入氧化銅這個大家庭裡。

各位發現了嗎？形成化學反應式最重要的是，絕對不會有多出來的原子。雖然化學變化前與後的原子組成會變，但原子種類和數量絕對相同。既然構成原子不變，變化前後的質量也不會變，這個就稱為**質量守恆定律**。

讓我們來統整一下整個變化過程。兩個Cu與一個O_2結合，可以形成兩個CuO。以化學反應式表示為：$2Cu+O_2 \rightarrow 2CuO$。實際參與變化的原子數會更多，但只要舉出代表範例，就能以最簡單的方式表現整個變化過程。這也是化學反應式的功用。寫出化學反應式，就能一目了然化學變化的內容。

▼銅與氧結合，形成氧化銅！

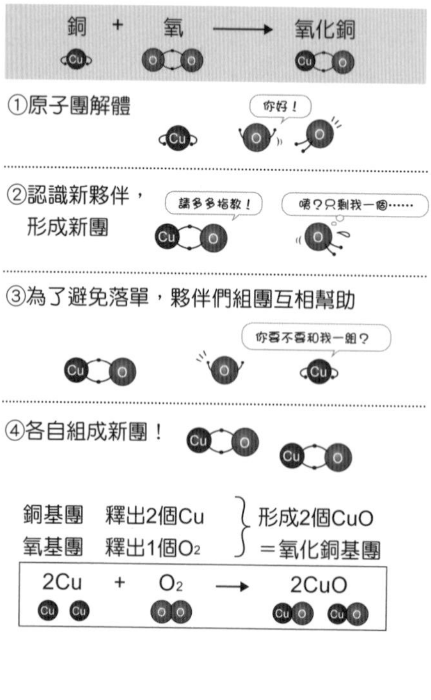

銅 + 氧 → 氧化銅
①原子團解體
你好！
②認識新夥伴，形成新團
請多多指教！
咦？只剩我一個……
③為了避免落單，夥伴們組團互相幫助
你要不要和我一組？
④各自組成新團！
銅基團 釋出2個Cu
氧基團 釋出1個O2
形成2個CuO
＝氧化銅基團
2Cu + O2 → 2CuO

日常生活中的化學反應

誠如前方頁面所述，化學變化是原子結合與分離的變化。改變原子組合的過程稱為化學反應；不同反應，例如分離、結合或重組都有特定名稱。接下來就以日常生活中的現象為例，解說常見的**化學反應**。

分解　意指一種物質分離成兩種以上物質的化學變化。美式鬆餅之所以膨脹，是因為分解反應產生二氧化碳（參見七十三頁）。我們的身體也能透過消化分解營養素（參見八十七頁）。將混合在一起的物質分離開來的過程稱為分解。

順帶一提，我們常常聽到分解汙垢、分解異味等用語。這些電視節目經常提到的反應，通常是不同化學反應產生的結果。由此即可得知，我們身邊有許多「分解」現象。

氧化還原　意指從物質中奪走或給予氧（有時是氫或電子）的化學變化。由於地球上的空氣含有氧，這是很容易發生的化學反應。

氧化還原是我們日常生活中，經常用來產生能源的方式，例如燃燒燃料製造電力（參見一六六頁），或是運用於電池的發電機制（參見一六二頁）。不僅如此，拋棄式暖暖包發熱（參見一二八頁）、金屬生鏽（參見一〇一頁）也都是氧化還原反應的結果。「分解汙垢」時也常利用氧化還原反應。

中和　意指將酸與鹼混合，因而抵銷彼此性質的化學變化。酸性的氫離子 H^+ 與鹼性的氫氧根離子 OH^- 結合，形成水 H_2O。

不只是打掃和除臭經常利用中和反應（參見九十八頁），胃藥也是範例之一（參見一四五頁）。此外，中和反應也常用於改變農田土壤與河水性質，打造適合作物與生物生長的環境。

另一方面，將相同物質互相連接合併的聚合反應（參見五十一頁），常用於製造塑膠或纖維。還有原子在同一物質中變換位置或結構的重排反應等，這些常見現象大多與化學反應有關。

化學變化

分離

熱裂解：利用熱能將一種物質分解成兩個以上的物質。

例：$2NaHCO_3 \rightarrow Na_2CO_3 + H_2O + CO_2$
（$2NaHCO_3$：小蘇打）

⇨p73

電解：利用電力將一種物質分解成兩個以上的物質。

例：$2H_2O \rightarrow 2H_2 + O_2$

⇨p165

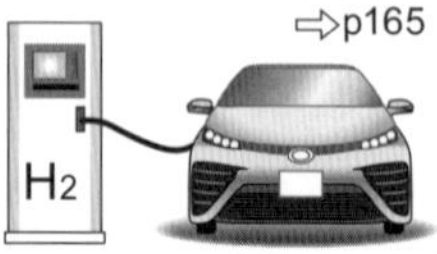

結合

聚合：1到多種分子連接形成高聚物。

例：$nC_2H_4 \rightarrow (C_2H_4)_n$
（nC_2H_4：乙烯；$(C_2H_4)_n$：PE（聚乙烯））

⇨p50~51

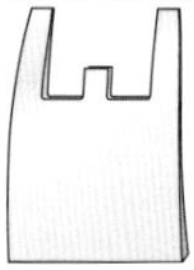

氧化： 與氧結合。

例：$4Fe+3O_2 \rightarrow 2Fe_2O_3$

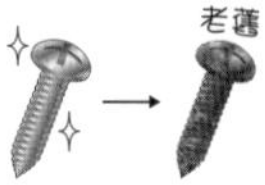

⇨p101

⇨p166

⇨p183

燃燒：產生強光和熱，與氧結合。

例：$C_9H_{20}+14O_2 \rightarrow 9CO_2+10H_2O$

電池：結合氧化與還原，產生能源的裝置。

⇨p162

重組

還原：釋放氧氣。

例：$Fe_2O_3+3CO \rightarrow 2Fe+3CO_2$

⇨p163

中和：混合酸與鹼，抵銷彼此的性質。

例：$2CH_3COOH+CaCO_3 \rightarrow (CH_3COO)_2Ca+CO_2+H_2O$

⇨p98

置換：將化合物的一部分置換成不同原子。

例：$Ca_{10}(PO_4)_6(OH)_2+2HF \rightarrow Ca_{10}(PO_4)_6F_2+2H_2O$

⇨p97

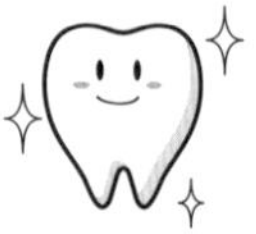

蜘蛛絲鋼索

生活化學驚奇箱Q&A

Q 蜘蛛絲的強度比同樣粗細的鋼鐵還強。這是真的嗎？

真的。有一種蜘蛛絲的強度，比同樣粗細的鋼鐵大約強四倍。蜘蛛絲是生物製造的纖維中，強度最強的一種。

哎呀，
沒掉下去耶！
那當然啊。
走在這條鋼索上絕不會掉下去的。
再來你自己試試看吧！
要先裝在屁股上。
鋼索出現。
比走在地面上更快速呢！
好棒喔。
對了。
用樹木和煙囪來製作蜘蛛網，
打造一個寬廣的遊樂場。

生活化學驚奇箱Q&A

Q 全世界第一個製造出來的化學纖維是用什麼做的？①石油 ②煤炭 ③玻璃

A ②煤炭。一九三五年，美國杜邦公司利用煤炭、水與空氣，發明出人造纖維「尼龍」。

這裡比我們平時玩的空地還大呢！
咦？
你們看……
スゥ
※嘶咻
各位。
想來蜘蛛網遊樂園玩嗎？
那不是大雄嗎？
真的是大雄耶。
鋼索絕不會斷掉、也不用怕會掉下去，可以安心玩耍喔。
我們也想玩。

生活化學驚奇箱Q&A

Q 人類利用介殼蟲製造出什麼物品？①染料 ②調味料 ③藥物

※咚砰
ドサ
他在那裡！
別跑！
好……在這裡拉一條鋼索。
等會就可以用鋼索絆倒他們。
※轟轟咻
ブブウ
？
把褲子還給我啊！

A ① 染料。人類從介殼蟲萃取紅色色素，過去當成紅色顏料使用。

無限延續的微觀世界

大家平時穿的衣服是縫合布料製成的，布料則是用大量的絲線編織而成。話說回來，絲線的原料究竟是什麼呢？

絲線裡的小小世界

簡單來說，絲線是由纖維揉捻而成。說得更具體一點，每條細線都隱藏著好幾條纖維。揉捻纖維製成線的工序稱為「紡」，工業用語為「**紡織**」。

纖維是比線更細的材料，從動物毛和植物抽出的稱為**天然纖維**，從石油萃取的人造原料稱為**化學纖維**。**高分子**緊密聚合製成了這些纖維。

高分子是由一到數種小分子（**低分子**）大量聚合而成。低分子以同樣的方式結合整齊排列，串聯了數百到數千個。大量低分子緊密相連的現象稱為**聚合**。組成高分子基礎的低分子稱為**單體**（**monomer**），高分子則稱為**聚合物**（**polymer**）。

各位不妨回想一下之前提過物質的製造方式（參見三十八至三十九頁）。原子結合而成的團隊稱為分子，這些小分子相當於單體。一到兩種單體大量聚集在一起就是聚合物。相同分子大量聚集即可形成物質，但聚合物和物質不同，聚合物內的分子井然有序的手牽著手排列在一起。大量聚合物集結形成纖維，進一步揉捻後成為絲線。

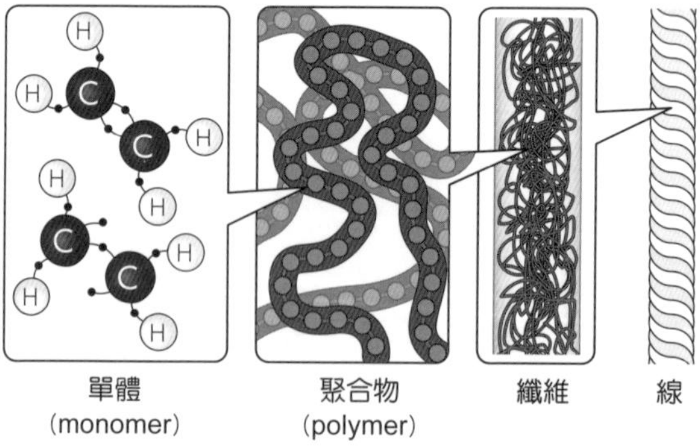

▲將線放大之後……

讓單體手牽手的聚合反應

兩個單體結合成聚合物，這個過程稱為聚合反應。聚合方式大致分成**加成聚合**、**縮合聚合**與**開環聚合**三種，其反應機制如下：

加成聚合 含有**多鍵**（由兩個以上雙手緊握的原子組成）的單體，改成以單手牽單手的方式互相連結的聚合方法。簡單來說，原本雙手互牽的原子空出一隻手，與其他單體的原子牽手。

縮合聚合 兩個以上的單體在聚合過程中，產生水並形成聚合物的方法。擁有H的單體與擁有OH的單體，互相釋出原子並結合。釋出的H與OH結合之後，形成水H_2O並排出。

開環聚合 圓形單體的一部分被切開，缺口處與其他單體結合，形成聚合物的方法。簡單來說，就是打開環形產生的聚合反應。

利用人工方式引發上述聚合反應製成的纖維，在化學纖維中稱為**合成纖維**。

以加成聚合方式製成的合成纖維中，以塑膠袋的原料聚乙烯（PE）最有名。

以縮合聚合方式製成的合成纖維當中，最常見的是聚酯纖維（PET），常被用來製成各種寶特瓶，也是雙面刷毛衣物的主要原料。

尼龍6是以開環聚合方式製成的合成纖維之一。尼龍很輕又具有高強度，常常用於製造戶外用品。

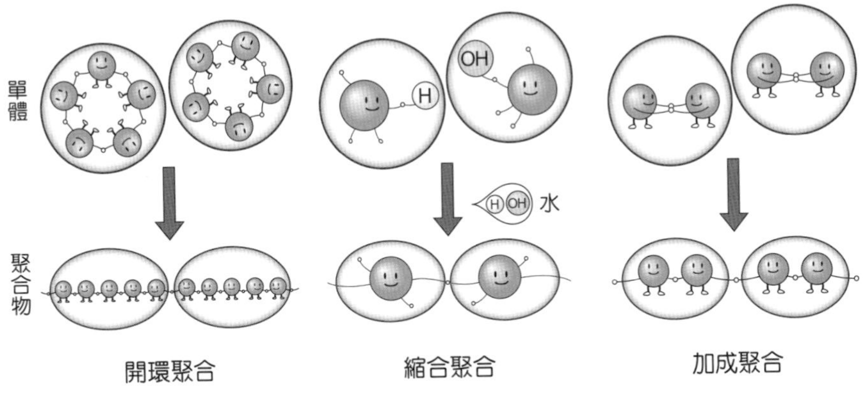

▲各種聚合反應

機能性纖維是人類努力的結晶

市面上的纖維有各種功能，有的主打輕量，有的以耐用為賣點，有的則具有卓越的撥水性。擁有特別功能的纖維幾乎全都是合成纖維，由人類開發而成。

舉例來說，消防員穿著的消防衣不只耐高溫還防火，這是因為消防衣使用具有耐熱機能的**芳香族聚醯胺纖維**製成。芳香族聚醯胺纖維十分強韌，還能吸震，其強度是鋼和鋁的數倍。更重要的是，芳香族聚醯胺纖維不導電，因此還有「超級纖維」的稱呼。

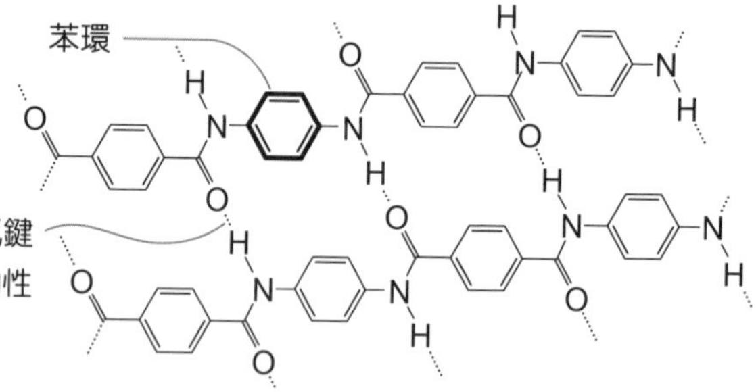

▲芳香族聚醯胺纖維的構造

芳香族聚醯胺纖維是由六個碳原子「**苯環**」排列成的六角形結構緊密相連而成的聚合物，再透過氫鍵輕鬆結合聚合物，形成朝相同方向排列的**高配向性纖維**。由於聚合物的排列方向相同，使得纖維十分強韌。光纖的補強材料和工作手套都是利用高配向性纖維的強度。

不只是強度，還有許多追求舒適性的纖維。夏天的衣服和寢具的布料，都很講究降低體表溫度的功能性。例如利用水分蒸發時的汽化熱（參見一三〇頁）原理製成的涼感布料，或是透氣性佳的立體揉捻纖維。冬季則推出將空氣鎖在纖維縫隙的保暖纖維，以及使用吸水發熱的銅氨纖維衣物。

這類控制溫度與溼度的材料受到各界注目，不少廠商開發出各種布料，包括將吸收陽光轉換成熱能的物質（碳化鋯）纏在纖維上，或是在布料內側貼上反射熱能的薄鋁膜，利用體溫保暖的原料等。此外，將岩盤浴使用的黑鉛矽石（天然礦石）融入纖維中，就能利用紅外線保溫，開發出卓越的保暖材料。

戴著也能操作智慧型手機的手套日漸普及，顯示了導電纖維的需求逐年升高。話說回來，這類材質是最不容易引起靜電的纖維。一旦布料帶靜電就容易沾灰塵，放電時也容易引起火花，一不小心就會引發嚴重意外。在醫療和精密工業的第一線工作人員，只要穿上纖維中織入導電性聚合物的作業服就能排出靜電，避免事故發生。

大多數導電纖維都是在揉捻絲線形成的縫隙中，融入金屬氧化物的微粒子，藉此排出電流。有些聚脂纖維等化學纖維的內部，也結合可通電的碳纖維。碳纖維擁有自由電子，不只能傳送電流，又輕盈強韌，常用於製作體育用品（網球拍等）、航空器、太空探測器等。

不須織的布？

「不須織的布」就是不織布。據說最初的不織布來自製作布料時產生的邊角布，將邊角布的短纖維黏在一起使用。如今已開發出各種方法，利用纏結貼合的方式，因應用途和原料，調整纖維縫隙的大小。

舉例來說，用來製造口罩或濾芯的不織布，通常網目較細且較耐用，因此使用黏著劑或加熱固定的方法（熱壓法）黏合纖維。

另一方面，面膜與溼紙巾必須使用柔軟、縫隙可維持水分的不織布，因此採用高壓水流纏結纖維的方法（水針法）。

在不織布的表面覆蓋一層聚氨酯樹脂就成為了人造皮革，結構上近似天然皮革（真皮），既保有真皮觸感，又耐用且防水，保養方式也很簡單，因此常用來製作書包、鞋子、球和汽車座椅。只要發揮巧思善用技術，人類就能開發出各式各樣、有著無限可能性的纖維機能。

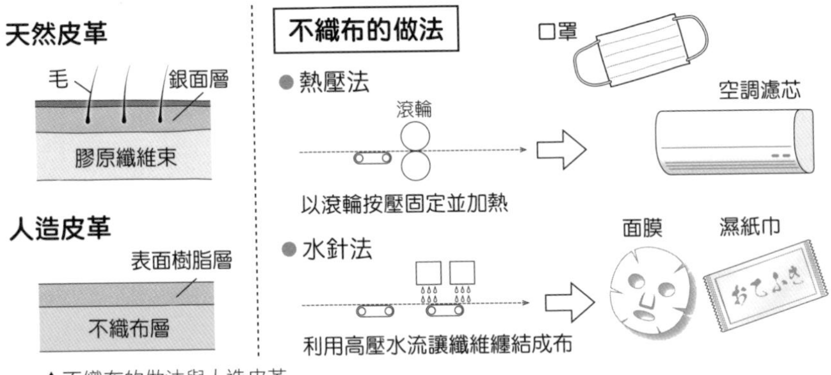

天然皮革
毛
銀面層
膠原纖維束
人造皮革
表面樹脂層
不織布層
不織布的做法
●熱壓法
滾輪
以滾輪按壓固定並加熱
●水針法
利用高壓水流讓纖維纏結成布
口罩
空調濾芯
面膜
濕紙巾
おてふき

▲不織布的做法與人造皮革

洗滌讓衣服亮潔如新！

各位吃營養午餐時，是否曾被醬汁或番茄醬沾到衣服上？不過，只要洗完衣服後，所有髒汙都會消失，衣服又變得好乾淨。各位知道汙垢是怎麼洗乾淨的嗎？

水與油的中間人

油垢是所有髒汙中最難應付的，用水洗也洗不乾淨。水和油感情不好，兩者無法融合。簡單來說，只用水無法洗去油垢，因此需要界面活性劑讓油與水融合在一起。清潔劑含有**界面活性劑**，只要使用清潔劑就能洗去汙垢。

界面活性劑有一邊是圓形，看起來像火柴棒，外型十分有趣。圓形的部分是與水親近的**親水基**，另一邊是與油親近的**疏水基（親油基）**。界面活性劑擁有這兩個部分，可以介入水與油之間。

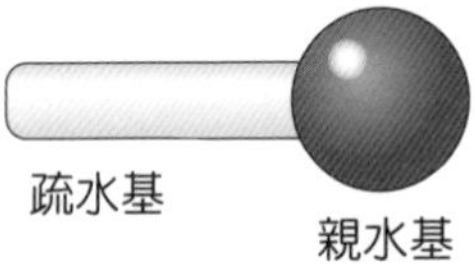

疏水基
親水基

▲界面活性劑的構造

當界面活性劑進入水中，不親水的疏水基會跑到中間，避免與水接觸，親水基則圍繞著疏水基，形成球狀。此狀態稱為**膠束**(micelle)。

膠束發現油垢時，疏水基會緊黏著油，包覆油垢，使油垢往上浮。界面活性劑進入纖維與汙垢之間的行為，稱為**滲透作用**。油垢浮起來後包在膠束裡，分散於水中。包覆油垢（髒汙）的功能稱為**乳化作用**（七十六頁），分散於水中的功能稱為**分散作用**。洗衣服時，最後會將包覆油垢的界面活性劑與分散在水中的小髒汙沖掉，就能夠將衣服洗得乾乾淨淨。

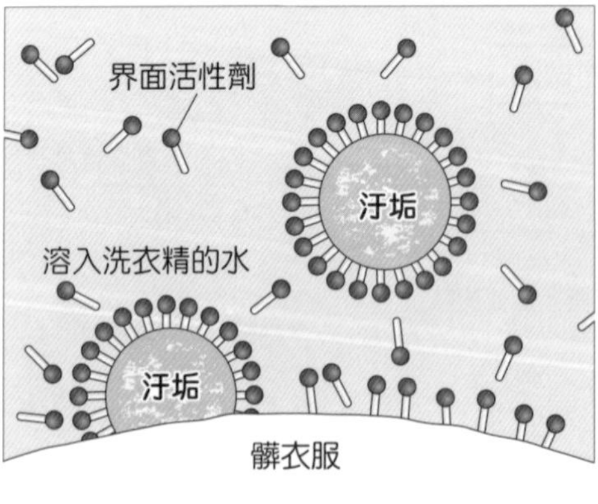

界面活性劑
汙垢
溶入洗衣精的水
汙垢
髒衣服

▲洗衣精洗淨汙垢的機制

追求潔淨的白色

衣服不只會沾附油垢，濺到咖哩醬汁的衣物或穿很久的舊衣服，容易發黃或產生斑點汙垢，有時候光靠一般的洗衣程序無法洗乾淨。

這個時候就要使用**漂白劑**。洗衣精無法清除的斑點汙垢，只要善用漂白劑就能洗淨。原因很簡單，漂白劑和洗衣精的除汙方式不一樣。

洗衣精是利用界面活性劑去包覆沾在纖維上的汙垢後移除，漂白劑則是將纖維裡的汙垢變成其他物質並消除顏色。簡單來說，洗衣精可以清除泥沙和灰塵髒汙，漂白劑有效去除變色斑點。

漂白劑大致可分成**氧化型漂白劑**與**還原型漂白劑**兩種。氧化型是藉由氧化反應去除汙垢，還原型則是針對汙垢進行還原反應，達到清潔效果。反向利用氧化還原反應（參見四十一頁）。

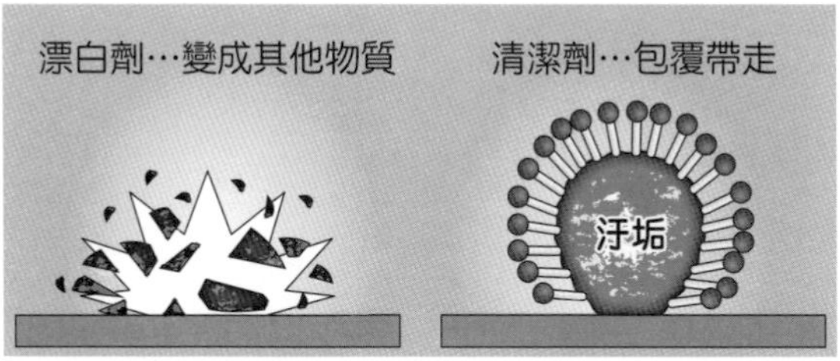

▲清潔劑與漂白劑的差異

此外，氧化型漂白劑還可分成**含氯型漂白劑**與**含氧型漂白劑**。含氯型漂白劑可以有效分解色素，若是使用在彩色或有圖案的衣物上，顏色圖案就會消失，因此最好用在白色衣物上。另一方面，含氧型漂白劑的漂白力比含氯型漂白劑低，可以用在有圖案的衣物上，用途較廣。這兩種漂白劑都是鹼性。以絲綢、羊毛等動物性纖維製成的衣物富含蛋白質，不適合碰觸鹼性物質，建議使用弱酸性漂白劑。

還原型漂白劑可有效去除血垢、泛黃等，與金屬有關的斑點，讓金屬與空氣中的氧氣結合並還原，即可達到去色效果。

不同的衣服和汙垢，適合使用的漂白劑皆不同，事先了解各種漂白劑的用途也很重要。

〈漂白劑的用法〉

	氧化型漂白劑			還原型漂白劑
	含氯型	含氧型		
		弱鹼性	弱酸性	
漂白力	☆☆☆	☆☆	☆	△
白色衣物	○	○	○	○
圖案衣物	×	○	○	×
絲綢、羊毛	×	×	○	×

洗衣精和柔軟精是同樣的界面活性劑？

洗衣服的時候，除了使用洗衣精之外，有時也會將**柔軟精**投入洗衣機裡。柔軟精的作用是讓衣物的觸感變好，不僅如此，最近市面上還推出許多可以除臭與持香的新產品。

讓我們先來揭開柔軟精使衣物膚觸變好的祕密。柔軟精和洗衣精同樣都是界面活性劑的一種。親水基帶負電的是洗衣精，帶正電的是柔軟精。由於纖維帶負電，柔軟精倒入洗衣機後，親水基那一端就會附著在纖維上，疏水基那一端會包覆親水基表層，在纖維表面形成一層膜，減少摩擦力。如此一來，就能讓衣物的觸感變得蓬鬆柔軟。不過，若是使用太多柔軟精，反而會在纖維表面形成厚厚的油膜，失去吸水性。使用柔軟精時一定要注意用量。

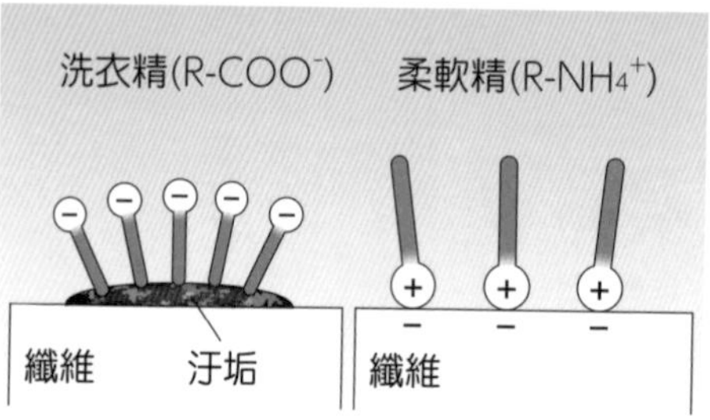

洗衣精($R\text{-}COO^-$)
柔軟精($R\text{-}NH_4^+$)
纖維
汙垢
纖維

▲洗衣精與柔軟精的差異

話說回來，應該先倒入洗衣精還是柔軟精？一般來說，柔軟精是在洗衣精之後才倒入洗衣機裡。若是一起放入洗衣機，帶著相反電荷的柔軟精與洗衣精會互相吸引，抵銷彼此的優點。洗髮精和潤絲精也是相同道理（參見一一六頁）。最近有廠商推出洗衣球，將溶水性不同的洗衣精和柔軟精包在兩種薄膜裡，只要丟進洗衣機裡即可。

▼柔軟精的除臭和持香功能

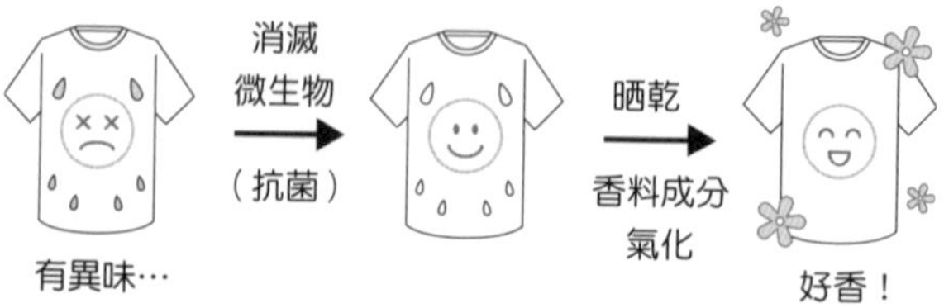

消滅
微生物
（抗菌）
晒乾
香料成分
氣化
有異味…
好香！

最近的柔軟精還具有除臭和持香功能。有些則添加含有金屬離子的抗菌劑（參見一四六頁）成分。抗菌劑可與製造異味物質微生物酵素結合，消滅微生物，同時消除惱人的異味來源。另一方面，增添香料成分的柔軟劑與水分一起附著在纖維上，衣服乾了之後，香料成分就會氣化，散發香味。最近更有柔軟劑採用了最新膠囊技術，只要膠囊破掉香料成分就會氣化，延長衣物的持香時間。

五彩繽紛的彩色世界

大家都知道染料可以使衣服著色。**染料**雖然很快就能溶於水中，但分子較大，若是纖維分子較密就無法染色。不過，只要是染料分子可以滲入的地方，染料分子與纖維就能透過電荷互相吸引。此處發生的吸引力稱為染著力，為衣物上色的過程稱為**染色**。另一方面，不溶於水、無法滲入纖維，只能覆蓋表面的色素稱為**顏料**。繪畫用的水彩和油漆都含有顏料。

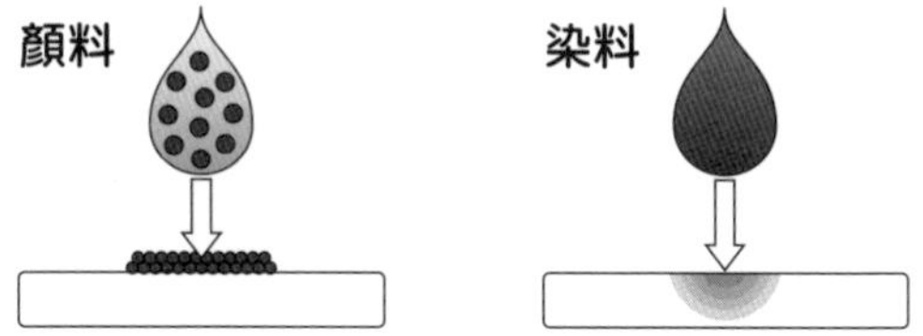
染料
色素滲入內部
著色
顏料
色素在表面
固定著色
▲染料與顏料

話說回來，染料有許多種，大致可分成**天然染料**與**合成染料**。天然染料又分成**動物染料**和**植物染料**。從蓼藍葉子萃取的植物染料稱為「**靛藍**」，呈現漂亮的深藍色，常用於染牛仔褲的顏色。人工合成的**偶氮染料**也是極具代表性的染料，呈現鮮豔的黃到紅色。

當染料的染色力較差，有時必須添加中介物質，結合纖維和染料。這一連串過程稱為**媒染**，使用的物質稱為**媒染劑**。媒染劑大多使用金屬離子，使用的金屬會影響最後的顏色。

話說回來，前面介紹了是以靛藍染料染出牛仔褲的顏色，但事實上，牛仔褲很容易**褪色**。一起來了解牛仔褲的褪色機制吧！

牛仔褲的布料是以縱線與橫線織成的，靛藍染料只會將縱線染成藍色。加上靛藍染料的滲透力較差，顏色無法定著在線的中心。由於這個緣故，在日常生活中牛仔褲很容易因為摩擦等行為，使附著在表面的靛藍染料掉落而褪色。洗滌褪色也基於相同原因。市面上很流行的仿舊褪色牛仔褲，就是利用漂白劑和石頭洗出來的效果。

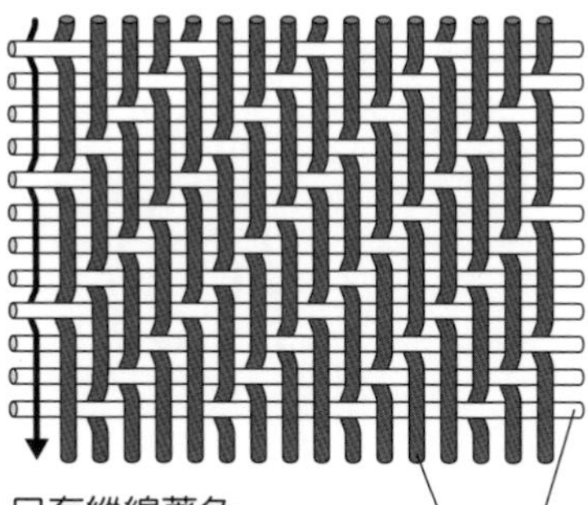
只有縱線著色
→顏色容易脫落
縱線
橫線
▲牛仔褲與褪色

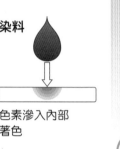

點心牧場

Milk
CHOCOLATE
Mi-Co
真難得，
可以拿到這麼大一個。
可是吃掉的話，
要等到何時，才能再度與我可愛的巧克力重逢呢？
為什麼!?
為什麼巧克力吃掉就沒了呢？
你為什麼要把一件理所當然的事說得那麼激動呢？
只是有感而發嘛！

有沒有哪種巧克力……
就算吃了也不會不見!?
那麼我拿那個給你吧！
「點心牧草」。
BOKUSO
用這個草餵巧克力吃。
胃？
巧克力有胃嗎？
不是啦，就像在牧場養牛、羊一樣養巧克力。
只要餵巧克力吃這個草，
就會不斷繁殖、長大。
巧克力隨時讓你吃到飽吧！
好神奇喔!!

生活化學驚奇箱Q&A

Q 全世界第一個嚼口香糖的是哪個地方的居民？①現在的中國 ②現在的肯亞 ③現在的墨西哥

A ③現在的墨西哥。距今一千七百年前，住在現今墨西哥的馬雅人養成將樹液當成口香糖咀嚼的習慣。

※哞哞

生活化學驚奇箱Q&A

Q 將蛋長時間浸泡在醋裡，會有什麼結果？①變黑 ②變透明 ③變紅

A ②變透明。將蛋泡在醋裡三天，蛋殼就會溶解，只剩下包覆蛋白與蛋黃的薄膜。

喂，
怎麼無精打采啊!?
我不是叫你要記得餵草嗎？
總算活過來了。
差一點就沒救了。
モグモグ
※嚼、嚼
CHOCOLATE
超過一個小時沒吃草，就會變回一般的巧克力。
再也不會變成牛了。
我下次會注意的。
餵草的時間到了。
好麻煩喔！
無法照顧就不要養！
CHOCOLATE
該餵草了！
這樣我無法睡覺啊！

Q 發現「鮮味」成分的是中國人。這是真的嗎？

明天我一定會腦袋一片空白……
在教室打瞌睡，然後被罵。
原來如此，這也是個問題。
對了。
就這麼辦吧！
跟我來！
？
要去哪？
去空地啊。
※撒落
這是「點心牧草」的種子。
因為草很快就會長出來，所以放牧就可以了。
好像真的牧場吧！
不會被偷走嗎？
這就要格外小心才行。
不過，沒有人會想到草叢裡有巧克力吧？
說得也對。

A 假的。名為池田菊苗的日本人成功從昆布萃取出鮮味成分，並發現該成分就是「麩胺酸」。

真的什麼也沒有……
好像很快的躲到草叢裡了。
太好了……
也能養瑞士捲嗎？
當然。
糖果先寄放在我這裡，
我可以幫你變多。
※窸窣、咩咩、哞哞
モオ〜〜
メエ メエ
好多零食都變多了。
巧克力寶寶動來動去的，好可愛喔！
翠綠的牧草、耀眼的陽光、快樂遊玩的點心……好恬靜的風景。
ヒヒヒ〜ン
CHOCOLATE
CHOCOLATE

生活化學驚奇箱Q&A

Q 怎麼做才能在切洋蔥時不易流淚？①冷藏後再切 ②屏住呼吸再切

A ①冷藏後再切。使人流淚的物質冷藏過後就難以釋出，切冰過的洋蔥較不容易流淚。

我們是大牧場的主人。
一定有鬼！
好！徹底搜查一番吧!!
彈跳
蚱蜢嗎!?
※啪颯
奇怪？我還以為是蚱蜢……
好有趣！
再多找一點！
今天的點心是奶油泡芙，
這個也拿到牧場去吧！
奇怪……？
點心好像少了很多……

生活化學驚奇箱Q&A

Q 醋可以溶解珍珠。這是真的嗎？

A 真的。珍珠是由碳酸鈣組成，放入醋之類的酸性溶液裡就會溶解。

點心一定要有甜味

點心真的很好吃，總讓人忍不住吃太多。點心的甜味究竟藏著什麼祕密？

自然甜味與人工甜味

提到甜味，大家一定會想到砂糖。砂糖是家庭常用的代表性調味料之一。砂糖可以從存在於自然界的甘蔗與甜菜（紅菜）等植物中萃取，一般稱為蔗糖（參見三十九頁）。

還有許多甜味食物和砂糖同樣來自於自然界。淋在鬆餅上的楓糖漿是將糖楓樹萃取的樹液濃縮製成，和砂糖一樣，成分為蔗糖。

外觀和楓糖漿類似的蜂蜜，則是由蜜蜂採花蜜儲存在蜂巢裡。蜜蜂利用其本身的消化酵素（參見八十七頁），進一步分解蔗糖，形成葡萄糖與果糖。這些物質都是人類可從小腸吸收的營養素，因此我們可以很快的吸收甜味。

另一方面，有些甜味的成分是人工製造出來的，稱為**人工甜味劑**。首先來比較一下天然甜味劑和人工甜味劑吧！

外觀看起來都是一樣的白色粉末，但從分子的角度來看則是截然不同。正因如此，人工甜味劑的甜味比天然甜味劑還強，有助於減少使用量，降低攝取的熱量。廠商也利用這一點，在瘦身飲料中添加人工甜味劑。

除此之外，軟性飲料、汽水、口香糖、冰淇淋、優格等食品，也常常會添加人

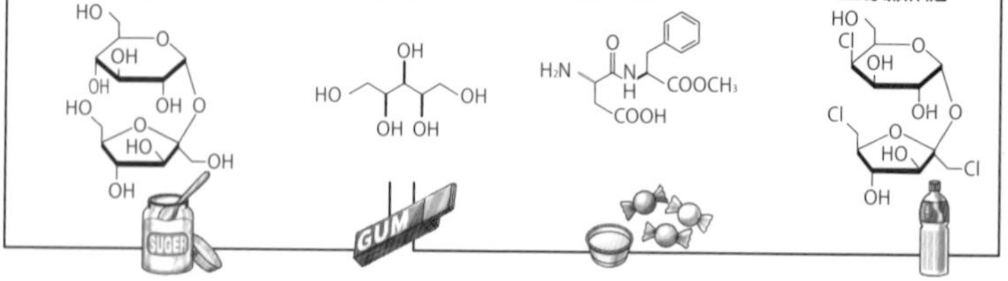

▲甜味料有許多種

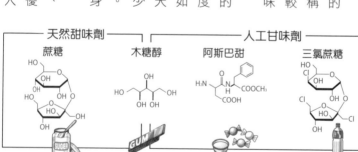

工甜味劑。各位家裡說不定也有許多使用了人工甜味劑的食品呢！

柿乾的甜味來自於澀味

各位聽過柿乾嗎？柿乾使用的是比一般柿子還苦的澀柿製成，屬於口味甘甜的果乾。為什麼柿子會從苦味變成甜味呢？祕密就在澀柿含有的物質「單寧」。

當味道的來源物質溶於水（口水）中，我們就能嘗到味道。澀柿含有的單寧是澀味和苦味的來源物質，直接吃會太苦，無法入口。不過，只要剝皮晒乾，柿子就會變甜。這是因為剝了皮的澀柿表面變乾之後，會形成一層薄膜，使氧氣無法進入內部。

為什麼不透氧的澀柿會變甜呢？這是因為水果是由活的細胞組成，細胞為了維持生命必須呼吸（參見八十八頁），但外表的薄膜阻絕了氧氣，細胞無法從外部獲得呼吸需要的氧氣，於是啟動了另一個不需要氧氣的化學反應（酒精發酵），生成乙醇。乙醇氧化變成乙醛，與單寧產生化學反應，使單寧不溶於水。由於這個緣故，我們吃柿乾時只會感受到甜味。

上述使單寧不溶於水的狀態稱為**去澀**。仔細觀察甜柿果實會發現上面有黑點，這些黑點是不溶於水的單寧。各位在店裡買甜柿的時候，請務必挑選有黑色斑點的產品，絕對會買到又甜又好吃的柿子。

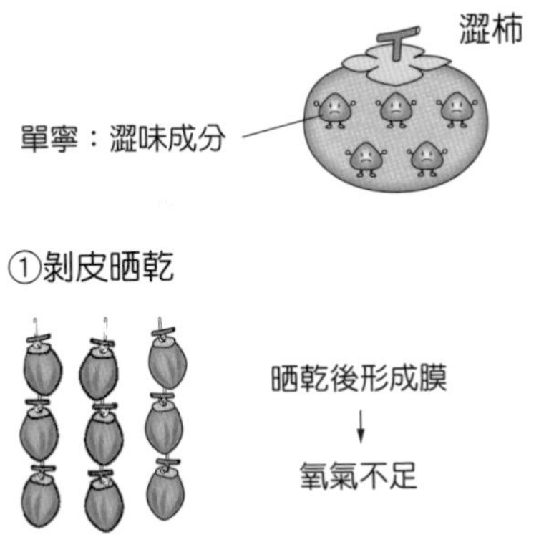
澀柿
單寧：澀味成分
①剝皮晒乾
晒乾後形成膜
↓
氧氣不足

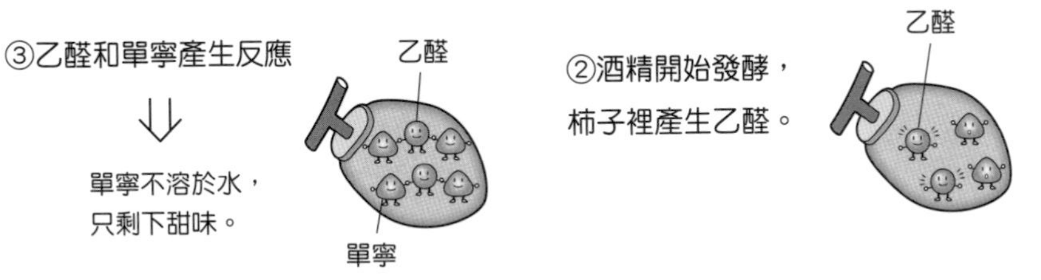
②酒精開始發酵，
柿子裡產生乙醛。
乙醛
③乙醛和單寧產生反應
⇓
單寧不溶於水，
只剩下甜味。
乙醛
單寧

▲甜柿乾的形成機制

爆炸產生的美味，食材膨脹帶來的笑容

爆米花是電影院與遊樂園常見的小吃，各位知道爆米花的形狀來自於爆炸嗎？

爆破的點心

大家都知道爆米花的原料是玉米，不過，這和各位在超市買的甜玉米屬於不同種，爆米花使用的是「爆裂種玉米」。

玉米粒的外層是硬質澱粉，裡面包覆著含有水分的軟質澱粉。爆裂種的硬質澱粉比甜玉米粒還多。

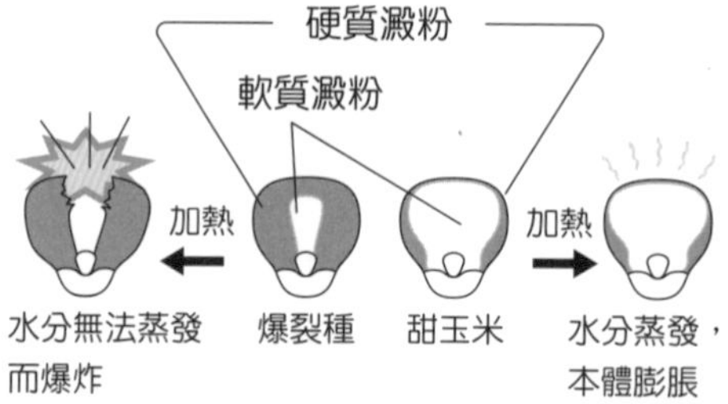
硬質澱粉
軟質澱粉
加熱
加熱
水分無法蒸發
而爆炸
爆裂種
甜玉米
水分蒸發，
本體膨脹

▲玉米種類與構造

玉米粒加熱之後，軟質澱粉中的少許水分變成水蒸氣，想要往外排出。不過，爆裂種玉米的硬質澱粉太厚，無法膨脹。想要往外排出的水蒸氣壓力越來越大，到達極限就會瞬間爆炸，變成我們熟悉的爆米花。超市可以買到自己做爆米花的產品，請務必注意安全，在家試試看。

▼水分炸裂！

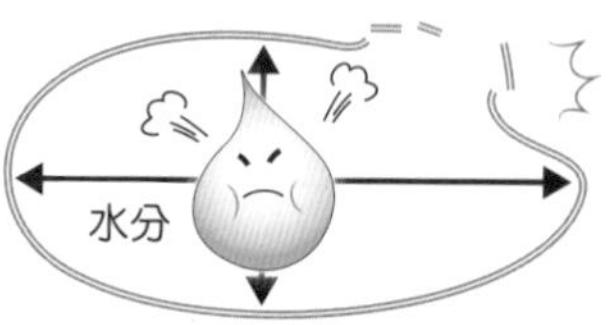
水分

米粒中的水分瞬間膨脹

另一個代表零食是爆米香。爆米香的原料和爆米花不同，不是玉米，而是一般的米。先將米放入密閉的特殊容器加熱，使容器裡的壓力上升，米就會受到強力擠壓。在壓力升至最高的時候打開容器蓋子，容器和米粒裡的水分瞬間變成水蒸氣，往外膨脹。此時會發出「砰」的聲響，因此取名爆米香。日本超商都能買到的「爆麥香巧克力球」，帶有酥脆口感的內芯就是以同樣方式爆出來的麥子，吃起來蓬鬆酥脆。

由此可知，會膨脹的點心都是利用水分蒸發的原理製作而成的。

膨脹的點心

點心當中，有些是柔軟蓬鬆的。哆啦A夢最喜歡吃的銅鑼燒就是一例，蓬鬆的麵皮搭配溼潤的紅豆餡，真是絕佳的組合。

點心能夠蓬鬆起來的祕密是使用了泡打粉或是小蘇打。泡打粉會在麵糊中產生二氧化碳，使麵糊膨脹。小蘇打則是會在加熱時分解，產生二氧化碳（詳見第四十二頁），讓麵糊膨脹。如果仔細觀察蓬鬆的食物斷面，會發現上面有很多的小洞。這是因為麵糊中的二氧化碳或是空氣逸散到外面，造成原本存在二氧化碳或空氣的地方留下了空洞，這就是蓬鬆口感的來源。

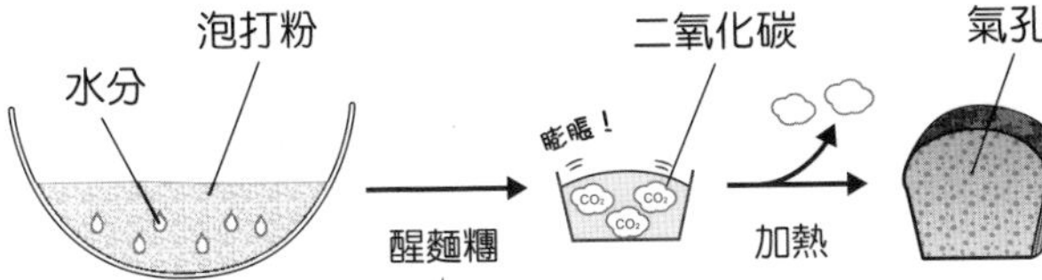

$$NaHCO_3 + H^+ \rightarrow Na^+ + CO_2 + H_2O$$

▲二氧化碳是吐司蓬鬆的原因

泡打粉和小蘇打是製作點心時常用的原料，但有些點心沒有用這兩項原料，吃起來也一樣蓬鬆柔軟。海綿蛋糕就是其中一例。海綿蛋糕體之所以蓬鬆柔軟，是因為蛋的關係。將蛋白打至發泡，會產生滿滿的小氣泡。加熱後氣泡裡的空氣膨脹，麵糊也會跟著膨脹。

液體凝固？蛋白質的變性

蛋白質是人體不可或缺的營養素之一，熱與酸可以改變蛋白質的狀態。

蛋白質原本是胺基酸縮合聚合形成的高分子（參見五十頁）。呈線性排列的高分子靠氫鍵、離子鍵打造複雜形狀（高階結構），在體內發揮作用。

這個高階結構受到熱或酸破壞的現象稱為**變性**，是日常生活中很常見的。

以蛋來說明的話，生蛋是濃稠液體，經過水煮、煎等方式加熱之後，就會凝固。這是因為蛋的主要成分「蛋白質」變性的結果。

其他還有哪些例子呢？牛奶加熱之後，會在表面形成一層膜，這也是因為牛奶中含有的酪蛋白（蛋白質的一種）受熱產生變性。

在我們的肚子裡也會發生酪蛋白變性喔！當我們喝下牛奶，胃酸會使酪蛋白變性，稍微凝結。此現象是因酸引起的變性。消化酵素會滲入凝結的酪蛋白縫隙，延長停留在腸道的時間，有效率的吸收營養素。嬰兒喝牛奶與母奶，也是靠化學反應幫助尚未發展成熟的消化功能吸收營養。

優格是由牛奶發酵製成，這當中也發生了變性。我們常在電視上聽到的乳酸菌，促進了發酵的化學反應。乳酸菌分解了牛奶含有的糖分（乳糖），製造乳酸。乳酸使酪蛋白變性，凝固後就變成優格。

變性使液體變成固體，是因為熱或酸切斷了支撐高階結構、結合胺基酸的氫鍵，使得立體結構崩塌。連結鍵被切斷，分子可自由行動，結果卻變成固體，真是神奇。話說回來，蛋白質為什麼會形成高階結構呢？

那是因為蛋白質發揮作用的地方是在水中。然而，蛋白質的原料胺基酸中，大部分不親水（疏水性）。蛋白質形成高階結構，巧妙的將疏水成分包覆在內側，可穩定存在於水中。高階結構崩塌後，疏水成分浮出表面，不親水的疏水成分集結在一起，形成一個大集合體，這個現象稱為**凝固**。

不過，水煮蛋放涼後並不會變回生蛋。因為蛋白質在變性之後，原有構造遭到破壞，所以無法恢復原有的狀態。

▲常見的蛋白質變性

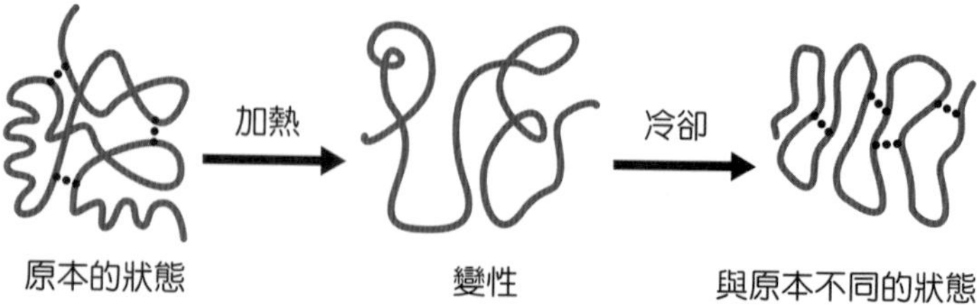

▲變性後無法恢復原狀

從化學反應了解料理！

料理隱藏著各種化學反應，有句話說「烹飪即化學」，可見料理的神奇之處與化學息息相關。

蛋白質的變性是美味關鍵

料理是利用變性做出來的，儘管加熱凝固可以鎖住美味，但也會讓口感變差。「低溫烹調」是解決這個問題的調理方法。利用蛋白質變性溫度的差異，將肉放在攝氏六十度左右的熱水慢慢加熱，能夠保留住肉的柔軟口感。

動物的肌肉是由肌凝蛋白與肌動蛋白等兩種蛋白質組成，肌凝蛋白變性可獲得彈嫩口感，肌動蛋白變性則會使肉吃起來乾硬。肌凝蛋白在攝氏五十度變性，肌動蛋白在攝氏六十五度變性，以攝氏六十度烹煮，就能做出有彈性又多汁的肉類料理。

豆腐也是利用與蛋白質變性同樣的機制製成的食品。做豆腐時不可或缺的鹽滷，是將氯化鎂溶於水製成的，味道很苦。鹽滷含有的鎂離子與豆腐的原料「豆漿」中的蛋白質產生化學反應，凝固成塊。借助化學物質的力量，讓液體變成固體的現象稱為**固化**，幫助固化的物質稱為**凝固劑**。

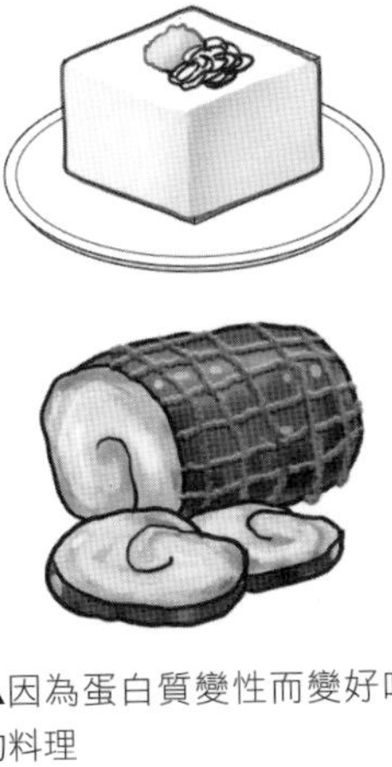

▲因為蛋白質變性而變好吃的料理

水與油互相排斥

大家都知道「油水不互溶」，這是因為兩者性質不同，無法調和，因而衍生出日本諺語「油に水」（水火不容之意）。大家吃過拉麵就知道拉麵的湯浮著一層油，在滾燙的熱油滴水，就會劈哩啪啦的濺出油花。不過，有些食物裡的水與油卻能完美的融合在一起。

仔細查看沙拉醬瓶身背面的說明，上面通常會寫著「使用前請搖晃均勻」。這是因為沙拉醬的成分，也就是水與油呈現分離狀態。充分搖晃瓶身時，沙拉醬裡的醋可吸引油和水結合，打破原本的界線，使油與水暫時融合。此時的融合狀態稱為**乳化**，幫助油和水融和的醋稱為**乳化劑**。

沙拉醬中，大量的水與油瞬間融和的乳化現象其實是一時的，只要放一段時間，又會回到分離狀態。美乃滋則是放多久都不會分離的乳化現象。在水分較多的蛋中，放入幫助乳化的醋，再慢慢滴入油持續攪拌，過了一會兒蛋與油就會完全乳化，形成滑順綿密的質地。

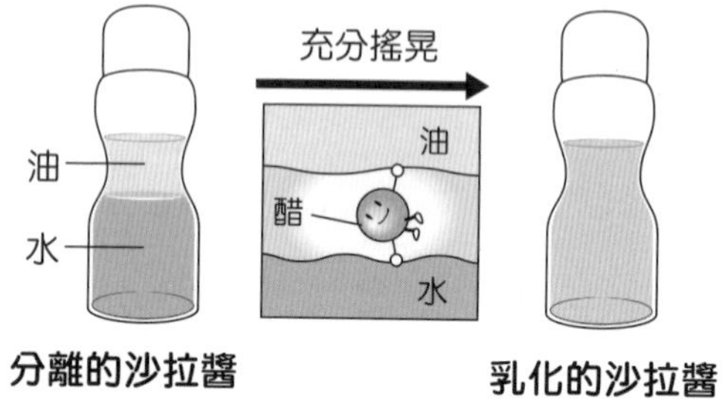
充分搖晃
油
水
油
醋
水
分離的沙拉醬
乳化的沙拉醬

▲沙拉醬與乳化劑

看到洋蔥就想哭？

各位切洋蔥時，是否有過淚流不止的經驗？有時甚至會眼睛痛到睜不開。這是因為洋蔥含有名為**1-丙烯基-l-半胱氨酸亞碸**（PRENCSO）的硫化物，蔥和大蒜等植物也含有這項物質，散發出特殊氣味和辛辣口味。

切洋蔥會時切破細胞，硫化物就會接觸到酵素轉變為催淚成分。此催淚成分飄散在空氣中，刺激我們的眼睛黏膜，使我們淚流不止。目前有開發出了減弱酵素成分，使人不易流淚的洋蔥品種。一般的洋蔥只要降低溫度就能延遲酵素作用，切之前不妨放入冰箱冷藏，切開時就不易形成催淚成分，減輕雙眼疼痛的現象。

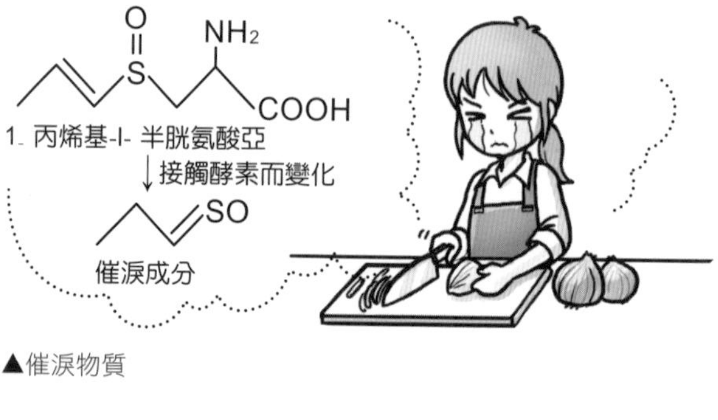
O
S
NH2
COOH
1- 丙烯基-l- 半胱氨酸亞
↓接觸酵素而變化
SO
催淚成分

▲催淚物質

梅納反應使食物呈現美味的顏色

煎過之後變成褐色的肉和魚、稍微烤焦的吐司，看起來總是讓人食慾大開！這其實也是一種化學變化，稱為**梅納反應**。糖與胺基酸加熱之後，產生褐色物質「梅納汀」，引起褐變反應。我們做菜時聞到的美味香氣，是形成梅納汀時的香味。

味噌和醬油的顏色也是來自於梅納反應。味噌和醬油的原料是黃豆，黃豆發酵與熟成時，內含的胺基酸與糖反應，引起梅納反應。隨著梅納反應持續作用，可以製作出顏色較深的紅味噌或日本最常見的濃口醬油。簡單來說，梅納反應與料理外觀和香氣有密不可分的關係。

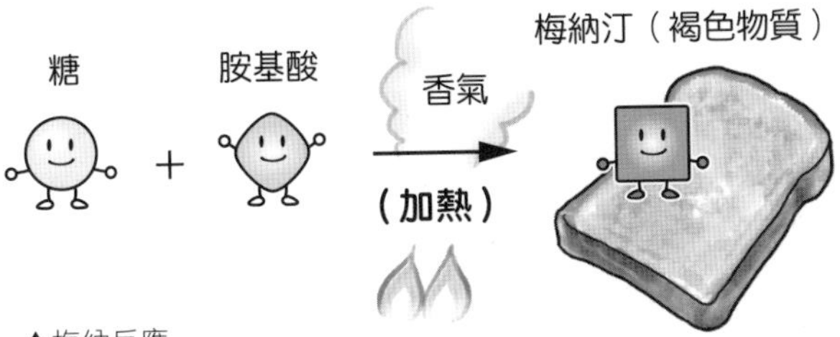

▲梅納反應

食材變色和調理方法

今天喝的香菇湯顏色好像有點深，蘋果切開後放一段時間，表面就會變成褐色。你是否也有過上述的經驗，發現有些食材的狀況和平時不同？

導致上述現象的原因是「多酚」。各位可能聽過多酚具有消除疲勞、淨化血液的功效，是對健康有益的物質。香菇類、蔬菜和水果中富含多酚。

事實上，多酚很容易溶於水和氧化。當多酚溶於水或與空氣中的氧氣接觸就會氧化，因此烹煮後很容易使湯的顏色變深，或使蔬菜變色。

如果不希望多酚發揮作用，也可以利用固色方法阻止變色。先將蔬菜炸過，在蔬菜表面覆蓋上一層油，就能減少溶入湯裡的多酚量。此外，將切好的食材放入蜂蜜水或鹽水裡泡一會兒，也能減少接觸氧氣的多酚量，各位不妨試試。

旋律瓦斯

我好遜。
怎麼啦？
我要和朋友一起開同樂會啦。
那很好啊。
可是要表演才藝。
本來打算表演魔術，可是怎麼樣都學不會。
一想到又要被小夫取笑，我就不甘心。

好！
我來教你厲害的把戲。
很簡單，馬上就做得到，保證讓大家嚇一跳。
總算得救了！快教我、快教我。
我去準備一下。
好了沒？
還沒！
呼嚕。
呼嚕呼嚕哇啦哇啦啦。
你在說什麼？我聽不懂！
妹妹背著洋娃娃…
咦？嘴巴閉著竟然能唱歌!?

生活化學驚奇箱Q&A

Q 胃不會把自己消化掉。這是真的嗎？

A 假的。胃受到黏液保護，若黏液受到壓力或細菌影響而減少，胃本身也會被消化掉。

不像哆啦A夢平常嘶啞的聲音，像微風一樣很輕柔呢！
哥哥爸爸真偉大名譽喔……
好棒！這個好棒！快教我。
其實很簡單啊。
只要吃下「音樂蕃薯」就行了。
吃下去過十分鐘後，就會積存瓦斯……
等、等一下。
剛剛的歌聲該不會是屁吧？
真低級，請叫它旋律瓦斯啦。
搞什麼啊？
竟然叫我在大家面前放屁!?
是嗎？
不要就拉倒。
我已經沒有其他法子了！
還是拜託你。

看我的！
好棒喔！
好厲害！
啪啪！
輪到大雄了。
非表演不可嗎？
我去準備一下。
他打算做什麼啊？
他一定什麼都不會，打算開溜吧!?
不知道大雄表演得順不順利？
狼吞
虎嚥
你全部吃完了？

生活化學驚奇箱Q&A

Q 香水也含有屁的成分。這是真的嗎？

A 真的。「吲哚」是屁味成分之一，將其極度稀釋之後，會變成宜人花香味。

其實只要吃一小口就行了。
吃那麼多，就算是優美的旋律……
也會瓦斯氣爆的！
先回家吧！
嘿嘿！早就料到你會逃跑。
想開溜真的太狡猾了。
不要啦~你們就放我一馬吧！
啊…瓦斯快要…
噗嘶
噗嘶
沒辦法了，只好盡量忍住，慢慢放出少量的氣體。

生活化學驚奇箱Q&A

Q 體溫過高會致死，請問指的是攝氏幾度以上？①40 ②42 ③45

A ②42度。當體溫高過攝氏四十二度，體內蛋白質會開始凝固，無法還原，導致人類死亡。

我們的身體會透過放屁與打嗝排出大量氣體。放屁時會發出大聲響，味道有時也會很臭，總是讓很多人覺得難為情，想要盡全力阻止。不過，為什麼人會放屁與打嗝呢？

放屁與打嗝的真面目都是空氣？

放屁與打嗝究竟是什麼？老實告訴各位，我們會在不知不覺間吃下空氣（氣體）。

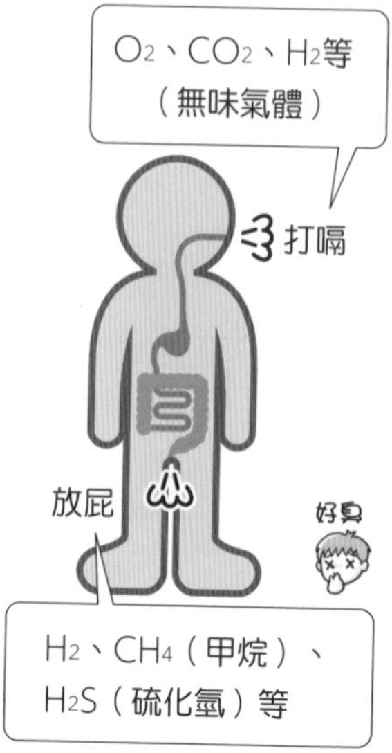
O_2、CO_2、H_2等（無味氣體）
打嗝
放屁
好臭
H_2、CH_4（甲烷）、H_2S（硫化氫）等

▲吞下肚的空氣去向

人類的喉嚨有兩個通道，一個是讓空氣通過、呼吸用的**氣管**，另一個是讓食物通過、吃飯用的食道。當空氣進入**食道**，就會和食物一起被送進胃部，積存在胃裡的多數氣體會透過食道從嘴巴送出，這就是打嗝。剩下的氣體和食物一起往下運送，以放屁的形式排出體外。

我們喝了碳酸飲料（汽水）會打嗝，是因為我們連同碳酸飲料內含的氣體（二氧化碳）一起吞下肚，胃部在短時間內積存太多氣體，就會透過打嗝排出去。

當我們吃下富含食物纖維的食物（例如番薯），很容易放屁。這是因為食物纖維很難消化，會在腸道停留很長的時間，腸道細菌消化時會產生大量氣體，讓我們容易放屁。這代表我們的腸道正在發揮作用。

話說回來，打嗝沒什麼味道，為什麼放屁很臭呢？

原因很簡單，打嗝時排出的氣體是我們吞下的空氣，或是二氧化碳等沒有味道的氣體。另一方面，屁不只包括打嗝的氣體，還混合了腸道產生的氣體。儘管絕大多數是氫、甲烷等無味氣體，但有不到百分之一會是硫化氫、糞臭素等有味道的氣體，這就是屁會臭的原因。有味道的氣體幾乎都是來自蛋白質，由於這個緣故，有報告指出肉食性的獅子放的屁很臭，吃草的斑馬放的屁就沒什麼臭味。

據說放響屁的原因是我們想忍住屁的時候會用力，屁股皮膚產生震動就會發出聲音。既然如此，乾脆想放屁就放屁，或許就不會有聲音了？

食物的漫長旅途

我們吃的食物從嘴巴進入後，會經過由食道、胃、小腸、大腸、肛門連結起來的長長通道，這個通道稱為**消化道**。人體無法吸收維持原有狀態的食物，因此會在通過消化系統的過程中分解，改變形狀，這個過程稱為**消化**。

在討論消化之前，必須先了解**消化酵素**。消化酵素存在於消化道分泌的**消化液**中，幫助改變食物狀態。這類幫助改變物體狀態的物質稱為**催化劑**。食物主要為碳水化合物、蛋白質、脂質等**三大營養素**組成，經過消化酵素分解後，會變成什麼狀態呢？

米飯、麵包和芋薯類是碳水化合物，主要由嘴巴分泌的唾液中含有的**澱粉酶**等消化酵素消化，轉變成**葡萄糖**。肉、魚、牛奶等蛋白質，是由胃分泌的胃液中含有的**胃蛋白酶**消化，轉變成**胺基酸**。油、奶油、美乃滋等屬於脂質，脂質是由胰液中含有的**脂酶**消化，轉變成**脂肪酸**和**單酸甘油酯**。

經過消化的營養素在小腸吸收，小腸未吸收的水和礦物質

	碳水化合物（澱粉）	蛋白質	脂質
口	↓ 澱粉酶（唾液）	↓	↓ 脂酶（少許）
胃	↓	↓ 胃蛋白酶	↓
十二指腸～小腸	↓ 澱粉酶（胰液）	↓ 胰蛋白酶、胰凝乳蛋白酶等	↓ 脂酶（膽汁）
小腸	↓ 麥芽糖酶、蔗糖酶（胰液）等	↓ 胺肽酶、雙肽酶	↓
	葡萄糖 果糖 半乳糖	胺基酸	脂肪酸、 單酸甘油酯

▲消化與消化酵素

則會在下一站的大腸吸收。最後剩下的食物殘渣，就會以糞便的形式從肛門排出。到此，食物的漫長旅程就結束了。

細胞的呼吸

一提到**呼吸**，各位可能會聯想到吸氣、吐氣的連續動作。這個動作稱為**外呼吸**，由肺部執行。外呼吸是我們維持生命很重要的行為，但這一節要討論的是細胞的呼吸。簡單來說，就是在細胞內部執行的呼吸動作，稱為**內呼吸（細胞呼吸）**。從化學和生物學角度討論的呼吸，大多是內呼吸。

內呼吸指的是小腸將吸收的葡萄糖等養分，轉化成**能量**的過程。呼吸是在細胞裡的**粒線體**進行，養分與氧氣反應，生成二氧化碳與水分時，也會產生能量。養分與氧氣結合的反應稱為**氧化反應**。

內呼吸必要的氧氣是由**紅血球**透過血液，將外呼吸得到的氧氣運送至細胞。其他的氧氣、二氧化碳和老廢物質等，則是由血液中的液體「**血漿**」運送。回到肺部的二氧化碳則是透過外呼吸排出。

透過呼吸獲得的能量用來維持**生命活動**。生命活動指的是維持生存不可或缺的活動，例如製造新細胞、收縮肌肉以活動雙手，就是其中的例子。

話說回來，點燃物質燃燒時，同樣會產生二氧化碳與能量（參見一六六頁）。利用氧氣製造能量的作用與呼吸很像，不過，燃燒會使能量變成熱與光，一口氣釋放出來。相較之下，內呼吸則是慢慢釋出熱量，有時還會將部分熱量儲存下來，可以有效運用熱量。我們身體活動時使用的熱量，也是透過化學反應製造出來的。

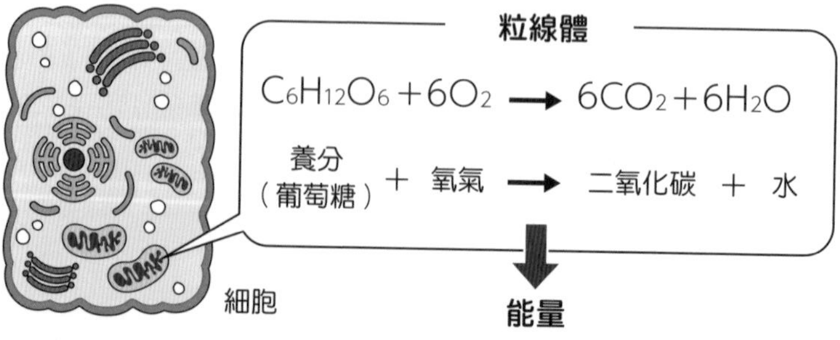

粒線體
$C_6H_{12}O_6 + 6O_2 \rightarrow 6CO_2 + 6H_2O$
養分（葡萄糖） ＋ 氧氣 → 二氧化碳 ＋ 水
能量
細胞

▲利用內呼吸（細胞呼吸）獲得能量

人體是化學物質的寶庫

我們每天習慣性的運用大腦、活動身體，不只是消化和呼吸，身體內部還發生許多化學反應，許多化學物質在體內發揮作用。

多巴胺與血清素給人幸福感

相信各位都有過明明應該做功課，卻提不起勁翻開作業簿的經驗。這樣的表現其實與大腦裡的某個小物質有關。

我們人體的神經分成活化身體作用的**交感神經**，與抑制身體作用的**副交感神經**兩種。透過微小的**神經傳導物質**可以切換這兩大神經系統，不過，究竟是在哪裡切換的呢？

人體存在著一、兩千億個**神經細胞（神經元）**，全身的細胞都可以將接收到的資訊傳遞出去。細胞連接的部分有少許縫隙，神經傳導物質會在縫隙間移動，傳遞資訊。

總而言之，就是在縫隙間移動的神經傳導物質負責切換的。

多巴胺是有助於我們產生幹勁的神經傳導物質，多巴胺濃度太低時，會讓人提不起勁。當我們達成目標或感到興奮時，大腦就會釋放多巴胺。因此，提不起勁做功課時，不妨想像做完功課後想要做的事，就能夠促進多巴胺分泌，讓人想趕快做完惱人的功課。

此外，**血清素**可以調整多巴胺量，穩定情緒。血清素不足時會使人失眠、情緒低落。另一方面，當體內有十足的血清素，可以讓人放鬆心情，副交感神經活躍，充滿幸福感。

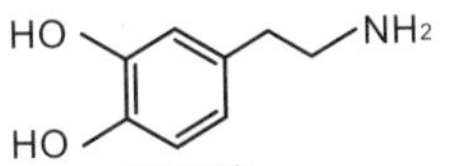

多巴胺

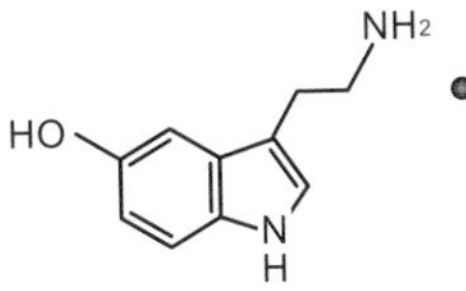

血清素

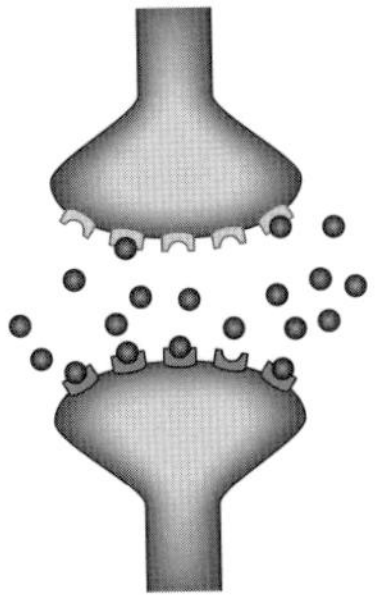

▲神經傳導物質在神經細胞的縫隙移動，傳遞資訊。

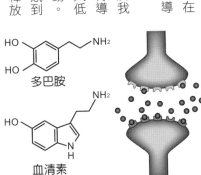

神經傳導物質的結構與胺基酸很像，這是因為腦內是由胺基酸組成的。但也不能因此天天只吃可以形成胺基酸的肉類、魚類和黃豆。身體需要礦物質等各種營養素，才能將胺基酸轉變為神經傳導物質。

總而言之，為了讓自己充滿活力，過著幸福生活，各位千萬不能偏食，吃飯時一定要注意均衡營養。

人體會分泌荷爾蒙？

大家如果去日本的燒肉店，一定都會在菜單上看到「荷爾蒙（ホルモン）」這道食材，指的是內臟。

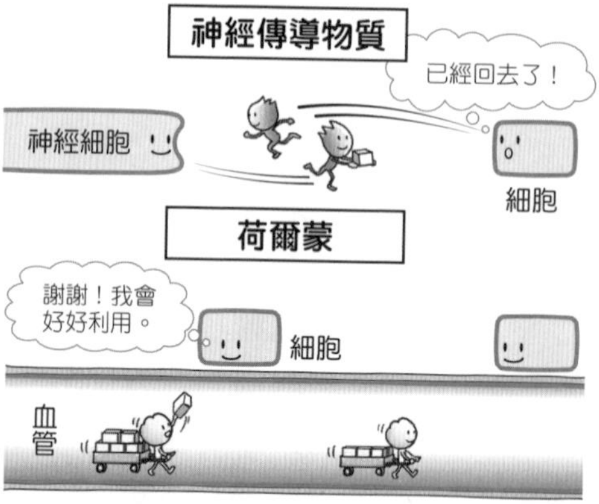
神經傳導物質
已經回去了！
神經細胞
細胞
荷爾蒙
謝謝！我會好好利用。
細胞
血管
▲短跑選手的神經傳導物質與長跑選手的荷爾蒙。

事實上，人體內部也有荷爾蒙發揮作用，不過這裡指的不是內臟，而是激素。人體內的荷爾蒙與神經傳導物質一樣，負責傳遞資訊。為什麼人體需要兩種作用相同的物質？這是因為人體內部真的很忙。

神經傳導物質以每秒一百二十公尺的速度跑遍全身，全世界跑得最快的男子短跑選手博爾特創下的最快速度，為一秒十點四三公尺。神經傳導物質每秒鐘前進的距離竟然比人類快十倍以上。不過，神經傳導物質的作用也只有短短的瞬間，可說是名符其實的短跑選手。

與之互補的荷爾蒙，則可說是長跑選手。與神經傳導物質相比，荷爾蒙的傳遞速度較慢，效果較持久，可以隨著血液廣泛

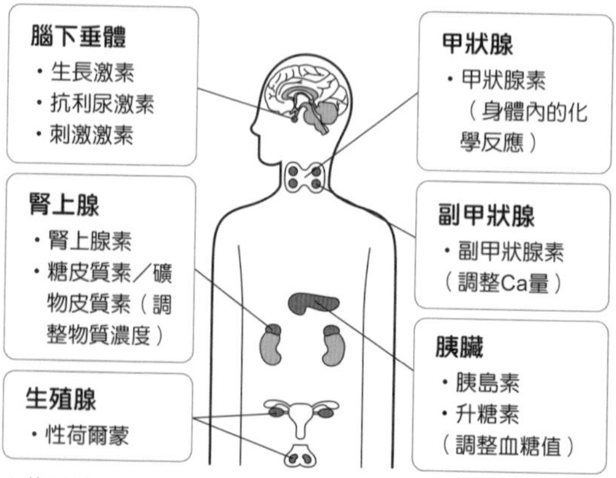
腦下垂體
・生長激素
・抗利尿激素
・刺激激素
腎上腺
・腎上腺素
・糖皮質素／礦物皮質素（調整物質濃度）
生殖腺
・性荷爾蒙
甲狀腺
・甲狀腺素（身體內的化學反應）
副甲狀腺
・副甲狀腺素（調整Ca量）
胰臟
・胰島素
・升糖素
（調整血糖值）
▲荷爾蒙的作用

的傳遞資訊。神經傳導物質與荷爾蒙同心協力，一起將資訊傳遍全身。

荷爾蒙通常是在我們肚子餓或運動後感到疲累時發揮作用。當發現血液中糖分減少，交感神經就會分泌腎上腺素和升糖素，這些荷爾蒙會產生反應，將肝臟和肌肉裡的肝糖轉變成葡萄糖（糖）。

另一方面，當人吃飽了，血糖值變高時，副交感神經就會分泌胰島素，這項荷爾蒙會將血液中的葡萄糖（糖）帶進細胞。人體就是靠荷爾蒙的作用，調整血液中的糖含量，維持穩定的血糖值。除了上述物質，人體還有許多其他的荷爾蒙發揮作用。

酒會變成醋？

喝下含有**酒精**（乙醇）的酒時，若產生飄飄然的感覺，就代表我們喝醉了。各位應該還沒有這種經驗，但能夠事先了解喝酒之後酒精在體內引起的反應，相當的重要。

我們的胃和小腸吸收了乙醇後，體內會分泌多巴胺，讓我們短暫的恢復活力，但也會使血液變濁。此時，體內最大的器官「**肝臟**」，負責讓血液變乾淨。

肝臟分泌的ADH酵素（乙醇脫氫酶）可氧化乙醇，轉變為**乙醛**。乙醛是有毒物質，它會與ALDH酵素（乙醛脫氫酶）接觸氧化，然後變成**醋酸**。這是醋的成分，溶於血液中會分解成水與二氧化碳，排出體外。這一連串的反應稱為**酒精代謝**。

由於小孩體內的酒精代謝機制尚未發展成熟，法令才會規定「未滿二十歲禁止飲酒」。

不過，成年人如果飲酒過度也會造成**宿醉**。飲酒後或隔天出現頭痛、噁心等症狀，就是宿醉狀態。這是因為飲酒量超過肝臟可以處理的範圍，在體內殘留有害的乙醛所致。各位長大之後請不要飲酒過量，務必學習相關知識，適量飲酒。

氧化反應

乙醇 CH_3CH_2OH —(ADH)→ 乙醛 CH_3CHO —(ALDH)→ 醋酸 CH_3COOH

▲酒精代謝

亮白牙刷

牙齒會變得像寶石一樣閃亮喔。
還會變得很堅固，什麼東西都咬得動喔。
※刷刷刷
※閃亮
真的嗎？
ごしごし
哇啊！好亮白！
ぴか
去讓大家看看吧。

※閃亮

※啃、啃

生活化學驚奇箱Q&A

Q 洗衣服的時候，歐洲和日本，哪個國家的水不容易產生泡沫？①歐洲 ②日本

A ① 歐洲。歐洲國家的自來水由於含有許多礦物質的關係，水質大多較硬，使用洗衣精時不容易產生泡沫。

好棒喔，借我一下。
真的耶，什麼東西都能刷到發亮呢！

要好好刷牙啊。
虧我還送了你那麼棒的牙刷。
可是……

刷牙可以預防蛀牙！

刷牙的過程很麻煩，為什麼我們每天都要刷牙呢？答案在於預防蛀牙。事實上，蛀牙與刷牙，有著密不可分的關係。

蛀牙是什麼狀態？

蛀牙是牙齒最具代表性的疾病。各位應該都有曾經因為牙痛去看牙醫的經驗吧？不過，蛀牙究竟是如何形成的呢？

形成蛀牙最直接的原因是蛀牙釋出的「酸」。如今專家已經發現十種形成蛀牙的菌種，其中最強的是轉糖鏈球菌。剛出生的嬰兒口腔沒有轉糖鏈球菌，但蛀牙患者的嘴裡一定有這種菌。這就是人類會重複罹患蛀牙的原因。

轉糖鏈球菌在口中利用糖製造葡聚糖。葡聚糖是一種黏性物質，可吸引其他細菌，在牙齒表面形成「生物薄膜」（菌膜），孳生更多細菌。

如果放任生物薄膜越來越厚，就會形成銅牆鐵壁。轉糖鏈球菌在厚牆內部孳生，慢慢侵蝕人體中最堅硬的**琺瑯質**（牙齒表面物質）。最後形成一個破洞，這就是蛀牙。

總而言之，為了預防蛀牙，必須清除溶解牙齒的糖分、葡聚糖，以及細菌溫床「生物薄膜」。刷牙就是清除作業。

我們的口腔平時保持中性，但每次吃東西、喝飲料，蛀牙菌就會分解糖

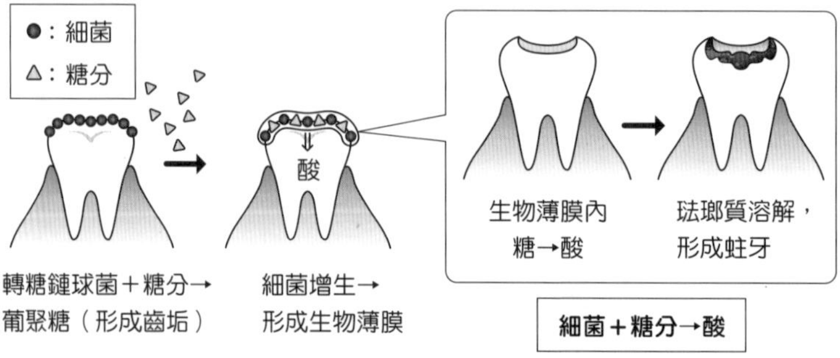

●：細菌
△：糖分
酸
轉糖鏈球菌＋糖分→
葡聚糖（形成齒垢）
細菌增生→
形成生物薄膜
生物薄膜內
糖→酸
琺瑯質溶解，
形成蛀牙
細菌＋糖分→酸

▲形成蛀牙的機制

分，釋出酸性物質，使口腔環境變成酸性。當口腔環境維持酸性狀態，就會引發**脫鈣**現象，開始溶解牙齒的琺瑯質。

唾液可以中和處於酸性狀態的口腔，使口腔恢復中性。當唾液充分分泌，原本被溶出的物質就會被琺瑯質再度吸收，修復原本脫鈣的部位，此過程稱為**再鈣化**。

脫鈣與再鈣化會在我們口中反覆的發生，如果在兩餐之間吃點心，或是喝含糖飲料，一天之內多次攝取糖分，再鈣化的時間就會變短，很容易形成蛀牙，一定要特別注意。

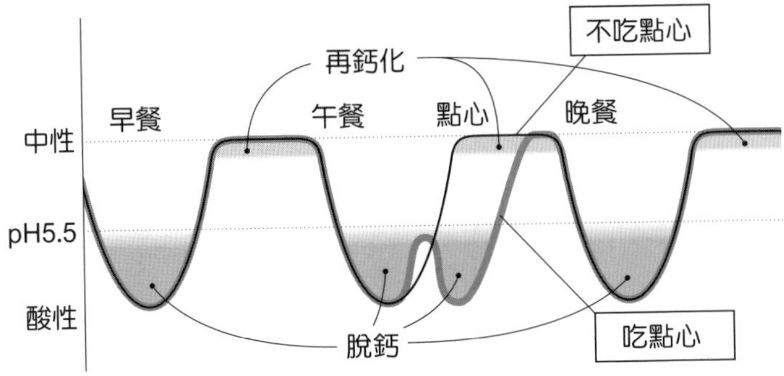
不吃點心
再鈣化
早餐
午餐
點心
晚餐
中性
pH5.5
酸性
脫鈣
吃點心

▲口腔環境與再鈣化

利用氟強化牙齒！

各位在牙醫診所應該看過許多跟「氟」有關的傳單，上面寫著在牙齒塗氟、使用含氟的潔牙產品等。氟可以強化牙齒表面的琺瑯質。

琺瑯質是由堅硬的羥磷灰石組成，其缺點是怕酸，遇酸很容易溶解。

此時就要靠氟發揮作用。在琺瑯質的表面塗上一層氟，氟離子與羥磷灰石結合，就會轉變成耐酸的氟磷灰石。氟磷灰石不僅可以保護牙齒，還能促進牙齒的再鈣化現象，修復早期蛀牙。

市售的潔牙產品大都是使用氟化鈉，含有濃度適宜的氟離子，可以發揮保護琺瑯質的作用，不妨多多嘗試。

▼氟可強化牙齒

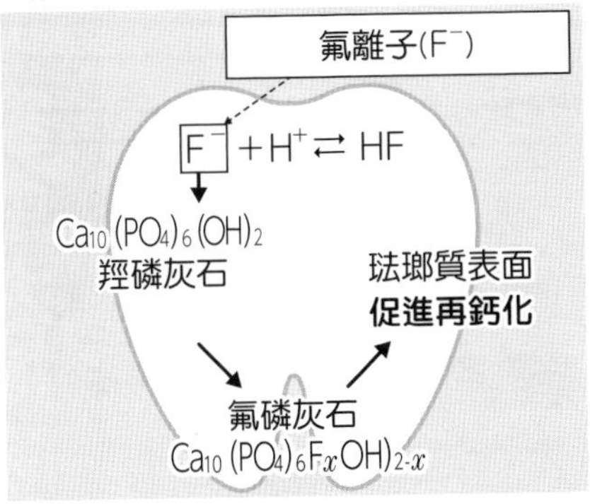
氟離子(F⁻)
F⁻ + H⁺ ⇄ HF
Ca10 (PO4) 6 (OH) 2
羥磷灰石
琺瑯質表面
促進再鈣化
氟磷灰石
Ca10 (PO4) 6 Fx OH) 2-x

利用中和現象清除汙垢！家中大掃除

牙齒要用牙刷清潔，那麼各位知道要怎麼清潔家中環境嗎？想讓居家環境亮潔如新，也要利用各式各樣的化學反應喔！

中和反應是打掃時運用的基礎化學

開始打掃之前，先來了解家裡會有哪些汙垢吧！

汙垢大致可分成「酸性」與「鹼性」兩種。打掃重點在於「酸性汙垢使用鹼性清潔劑」、「鹼性汙垢使用酸性清潔劑」，讓清潔因子與汙垢成因產生化學反應轉為「中性」之後就能亮潔如新。此處發生的化學變化稱為**中和**（參見四十一頁）。

清潔的基本用品是「小蘇打」和「檸檬酸」兩種粉末。兩者都是自古使用至今的清潔用品，大部分居家汙垢可利用這兩項產品清除。

小蘇打由碳酸氫鈉組成，是溫泉常見的弱鹼性物質。可以清除肌膚的老廢角質，使肌膚更美麗。

由於小蘇打是鹼性物質，很適合清除酸性汙垢。皮脂、油垢、汗垢、雙手摸過後留下的黏膩汙漬、廚餘的黏垢和腐敗臭味等，都是屬於酸性汙垢，可以因應髒汙程度使用小蘇打粉、小蘇打糊，或是將小蘇打溶於水中使用，即可清除髒汙。

清潔廚房的瓦斯爐、水槽、浴室的浴缸等處時，不妨先灑上小蘇打粉，再用沾溼的海綿摩擦去汙。小蘇打粉和清潔劑不同，不會產生泡沫，很容易用水沖乾淨。若是要清潔平底鍋和烤架等頑固油垢，只要在小蘇打粉滴入少許

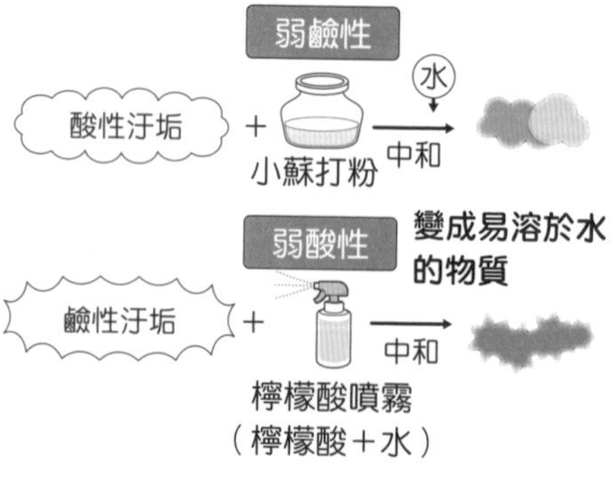

弱鹼性
水
酸性汙垢
+
小蘇打粉
中和
變成易溶於水的物質
弱酸性
鹼性汙垢
+
中和
檸檬酸噴霧
（檸檬酸＋水）

▲利用中和反應去除汙垢

水，攪拌成糊狀，塗抹在油垢上靜置一段時間，就能輕鬆去除油垢。

若要清除房間、冰箱、鞋櫃、衣櫥等處的異味，只要將裝有小蘇打粉的容器擺在空間中即可。除味效果可持續三個月左右，三個月之後還可以拿來清潔汙垢，一點也不浪費。

不過，使用小蘇打時，要注意幾個重點。未做防水加工的木製品不耐水，最好不要使用沾過水的小蘇打清潔。此外，也不能使用在會與小蘇打產生化學反應的物品上，例如小蘇打會使鋁鍋或平底鍋變黑，或使榻榻米等天然材質變色，請務必小心。

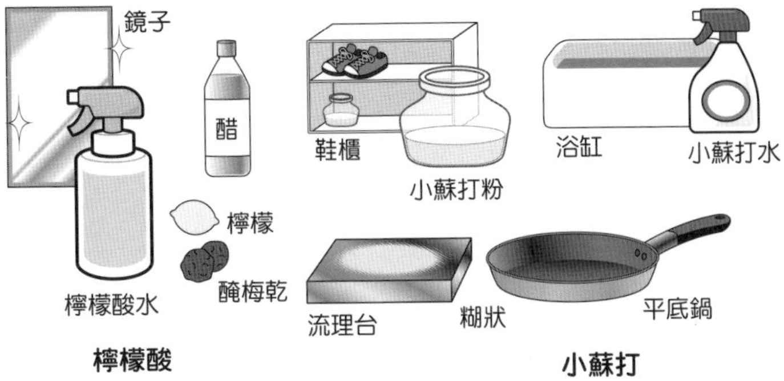
鏡子
醋
檸檬
醃梅乾
檸檬酸水
檸檬酸
鞋櫃
小蘇打粉
浴缸
小蘇打水
流理台
糊狀
平底鍋
小蘇打

▲常備用品　小蘇打與檸檬酸

另一方面，檸檬酸是檸檬等柑橘類和醃梅乾等酸味食物的味道來源。醋也是酸的。

檸檬酸和醋屬於酸性物質，適合用來清潔鹼性汙垢。鹼性汙垢平時潛藏在我們容易忽略的地方。

浴室就是其中之一。各位是否仔細觀察過鏡子，看到鏡子上沾著白色汙垢？水龍頭上也有同樣的白色汙垢。這是肥皂碎屑和水垢凝固後，留下的鹼性汙漬。只要在這些汙漬噴上檸檬酸水，再用抹布擦拭就能清潔乾淨。這個方式也能用於清潔洗臉台和廚房水垢。

除此之外，用檸檬皮擦拭廚房水槽，不僅能夠清潔水槽，酸還具有抗菌作用，阻絕細菌，可以安心用來消除砧板、調理器具等廚房用品的異味。

值得注意的是，檸檬酸會造成鐵等金屬、水泥、大理石等產生別的化學反應，使表面變霧，應避免使用在這些材質上。各位請將這些知識告訴家人，和家人一起打掃家裡吧！

使用市售清潔劑前
請仔細確認標籤上的說明

另一方面，我們也常用市售的合成清潔劑清潔家裡，各位知道有幾種清潔劑嗎？市面上有各式各樣的清潔劑，但幾乎所有居家用清潔劑皆屬於酸性、中性和鹼性的其中一種。雖然小朋友使用清潔劑的機會不多，但還是要看清楚標籤說明，了解其中差異。

舉例來說，清除排水口和水管的異味與黏膩髒汙的清潔劑，幾乎都是強鹼性。實際成分稱為氫氧化鈉，溶於水中可以強力分解蛋白質。這是強鹼性清潔劑可以溶解阻塞水管的毛髮和水管汙垢的原因。不過，強鹼性清潔劑可以溶解蛋白質，就可以溶解我們的身體，千萬不能碰觸！

如果要清潔瓦斯爐等處的油垢，就必須使用弱鹼性清潔劑。油是酸性物質，弱鹼性清潔劑可以中和油，再用水沖掉就很乾淨。

在浴室、廁所、廚房使用的清潔劑大多是中性的，因為中性清潔劑可在各種環境使用，既不傷手，也不會使水槽或浴缸受損。

不過，有時需要因應目的使用酸性清潔劑。馬桶上的尿漬、鏡子和浴室的水垢都是鹼性汙漬，使用弱酸性清潔劑就能徹底清潔這些汙垢。此外，使用加了鹽酸的酸性清潔劑，就能強力中和頑固汙垢。

混合危險！氯系清潔劑和酸性清潔劑

各位是否有注意到過清潔劑的容器上標示著「混合危險」這幾個字？

清除馬桶黃垢的含鹽酸酸性清潔劑，與浴室除黴劑、排水管清潔劑中含有的次氯酸鈉混合，就會產生有毒的氯氣。不只是鹽酸，氯系清潔劑與同為酸性物質的檸檬酸和醋混合，也可能產生氯氣，請務必小心。小朋友千萬不要使用。

在使用市售清潔劑之前，一定要詳細閱讀標示在瓶身的注意事項，這一點很重要。使用時也務必要注意通風與換氣！

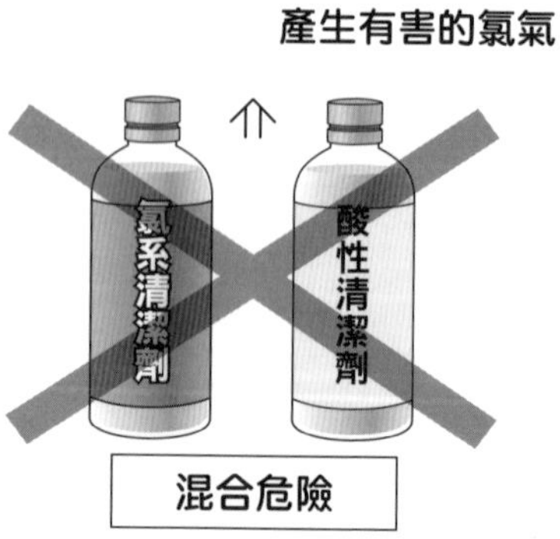

▲混合後真的很危險，一定要避免！

鐵鏽的真面目與除鏽

每天騎的腳踏車竟然變成褐色，鐵的部分都生鏽了。各位是否有過這樣的經驗？金屬生鏽後若置之不理，就會減損金屬原有的強度，用力轉動生鏽的螺栓和螺絲很容易斷裂。

鏽其實是金屬腐蝕後的結果，此處的「腐蝕」指的是金屬與氧氣結合「慢慢氧化」的現象。我們在日常生活中看到的鐵鏽，其實是鐵的氧化作用。

鐵氧化需要幾個條件，簡單來說，鐵的表面必須存在水和氧氣。生鏽的腳踏車一定是經過長期風吹雨淋的結果。鐵的表面在有水的狀態下，接觸空氣中的氧氣，就會產生與原有的鐵性質不同的物質，也就是氧化鐵。「除鏽」的方法大致有兩種，第一種是使用研磨劑。利用刷子或小蘇打糊將生鏽的部分磨掉，露出底下的乾淨表面。

第二種是利用中和反應。鏽是鹼性物質，用酸中和就很容易溶於水。檸檬酸會包覆氧化鐵中的鐵，將其帶入水中，發揮錯合物的作用。只要將浸泡過檸檬酸水或醋的紙覆蓋在鏽蝕處，鐵鏽就會溶於水分，可以輕鬆去除。

與氧化相反，帶走氧氣的反應稱為還原。在空氣中還原由鐵鏽形成的褐色氧化鐵（紅鏽），也能夠形成黑色的氧化鐵（黑鏽）。黑鏽與紅鏽不同，只會在表面形成，反而可以保護內側，維持金屬的堅硬度。有些鐵瓶會在表面覆蓋一層黑鏽，形成保護膜。

去除鏽蝕之後，一定要用水沖乾淨並保持乾燥。若是鐵的表面還殘留著酸、還原劑，或是水分，該部位就會再次慢慢鏽蝕。

總結來說，各位在打掃家裡的過程中，也產生了許多無形的化學反應。

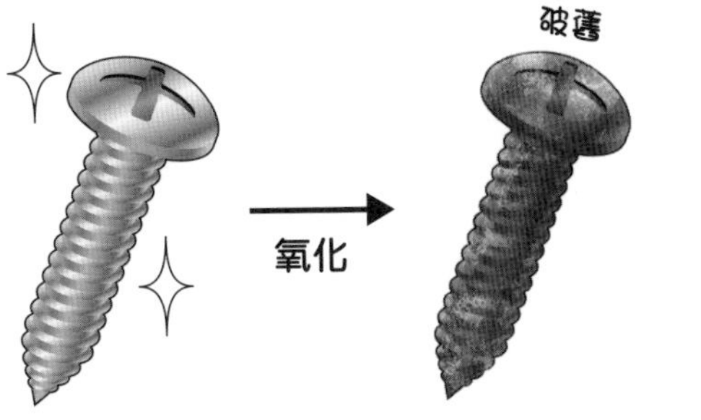

▲生鏽反應

狼人面霜

把我的作文還給我！
有什麼關係，
讓媽媽看嘛。
「我最害怕的東西」。
「我記得以前在電視上有看過關於狼人的故事，
只要在滿月時看到圓圓的月亮，那個人就會變成狼人。」
哇！
嗚哇！
ジャジャーン
※變身
你實在很無聊耶。
可以還我了吧……
「可是，有個東西比狼人更可怕。」
是什麼？

生活化學驚奇箱Q&A

Q 化妝品添加的「亮粉」可呈現閃亮妝效，其原料是什麼？①鯛魚骨 ②鮭魚卵 ③白帶魚皮

※塗抹、塗抹

A ③白帶魚皮。白帶魚皮含有名為「鳥嘌呤」的化學物質，是製造亮粉的原料。

啊！
你……用了……那個面霜嗎？
咦？這是哪個牌子的面霜？
算了，沒關係啦。
我要出去拜訪朋友。
如果讓媽媽看到圓的東西就慘了！
哇！這下完蛋了！
跟我無關。
嘿嘿……
就算跟著我，我也不會帶你一起去。
沒關係啦，帶我一起去嘛！

生活化學驚奇箱Q&A

Q 有一種化學物質的結構是以「夢」為靈感想出來的，這是真的嗎？

A 真的。化學家奧古斯特・凱庫勒夢見一條首尾相接的蛇，以此為靈感發現了名為「苯」的物質。

生活化學驚奇箱Q&A

Q 人類最初畫眼影的目的是什麼？
①驅蟲 ②減少眩光

A ①驅蟲。根據研究，古埃及人將含銅的石頭磨成粉，抹在眼睛周圍，藉此驅趕昆蟲，是人類最初畫眼影的目的。

她看到我的臉後，就昏過去了！
現在要怎麼辦呢？
快叫醫生來啊！
這下不好了！
唉……真是的！
弄得這麼晚！
把錢拿出來！
哇啊!!
後來媽媽把強盜嚇跑了。
我的臉真的有那麼恐怖嗎？

雖然無法變身，但也想變時尚！

使用化妝品可以讓我們享受變身的感覺，不過，大人們總是會說「小孩子太小，不適合化妝」。究竟化妝品的魔法隱藏著什麼樣的祕密呢？還有，為什麼小孩子不適合化妝呢？

享受改變外表的時尚感

化妝可以讓我們變化出各種模樣，簡直就像是施了魔法，讓自己變成另一個人。不過，這項魔法其實全是由化學物質組成的。

就像是修飾膚色的粉底、讓唇色變更美的口紅，化妝品有著各式各樣的顏色可供選擇。

▲彩妝品

萃取自天然礦物的色素，包括用來製造白色彩妝品的氧化鈦、氧化鋅，其他顏色則有氧化鐵。然而，天然色素的種類很少，人類以石油為原料，製造出五彩繽紛的各種合成色素。混合不同的合成色素，就能做出想要的顏色。

保養肌膚的保養品

化妝雖然能讓人更美麗，但富含色素與油脂的化妝品長時間覆蓋在肌膚上，一定會對肌膚造成傷害。因此，必須讓肌膚恢復原有的狀態。前面介紹的口紅和粉底屬於彩妝品，接下來要介紹的是基礎保養品。

保養最重要的是水分。肌膚表面有一層角質，皮脂膜可以避免刺激，位於細胞間的高分子「神經醯胺」還能鎖住水分，盡一切力量避免水分流失。簡單來說，肌膚表面有一層防護網發揮屏障功能。

若失去屏障功能，外部刺激就很容易進入肌膚內部，

導致水分流失，使肌膚摸起來粗糙。此時要在肌膚表面覆蓋一層油膜，補充流失水分並且避免流失。

如果要補充因刺激流失的水分，化妝水是最好的基礎保養品。不過，若是沒有進一步處理，水分立刻就會蒸發。因此，必須讓水分長時間留在肌膚裡。許多化妝水添加了可以保持水分的高分子，以及可在肌膚表面形成一層膜預防水分蒸發的物質。

利用乳液和乳霜形成防水膜也是方法之一。受損肌膚不只缺乏水分，保護肌膚表面的油脂也容易不足，因此，必須擦乳液和乳霜補充水分，增添油脂，利用油膜保護肌膚，以避免水分蒸發。

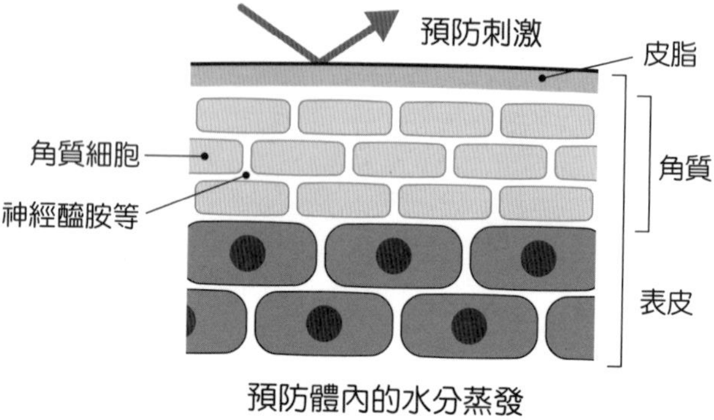
預防刺激
皮脂
角質細胞
角質
神經醯胺等
表皮
預防體內的水分蒸發
▲肌膚的屏障功能

為了要做出質地順滑的乳液和乳霜，這些保養品使用的界面活性劑發揮很大的作用，其扮演的角色就是讓水與油混合在一起的「乳化劑」（參見七十六頁）。界面活性劑有助於讓乳液和乳霜順利的與水分較多的肌膚和化妝水結合。此外，廠商也嘗試各種方法調整添加成分，加上科技進步，開發出一瓶就有化妝水、乳液，甚至是乳霜和美容液等多重功效的保養凝霜。

不只肌膚會乾燥，嘴唇也會乾裂脫皮。和肌膚一樣，嘴唇缺水時也會粗糙。

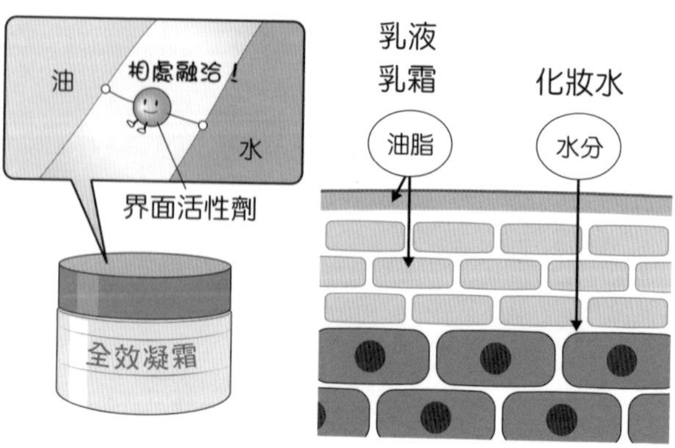
油
相處融洽！
水
界面活性劑
全效凝霜
乳液
乳霜
化妝水
油脂
水分
▲基礎保養品

遇到嘴唇乾裂的情形時就要使用嘴唇專用的保溼護唇膏。和手部與腳部肌膚不同，嘴唇肌膚很薄，很容易受到外來刺激。護唇膏含有的油脂較多，可在嘴唇表面形成薄膜，保持唇部水分。

其他還有各種彩妝品與保養品，例如避免彩妝品直接接觸肌膚的妝前飾底乳，以及避免肌膚晒傷的防晒乳（參見一八四頁）等。

不過，各位請切記，剛剛提及的基礎保養品和彩妝品有些並不適合孩童的肌膚，請務必先和大人商量後再使用。

孩童和大人的肌膚不同？

明明媽媽和電視上的女明星都在用，為什麼我們必須和大人商量後才能用？那是因為大人與孩童的肌膚構造不同。

孩童與大人肌膚最大的不同之處在於角質層厚度。角質層隨著年紀越來越厚，一般來說，孩童的角質層不到大人的一半。也就是說，第一一二頁說明的肌膚屏障，孩童的強度不到大人的一半。

如果各位使用與大人一樣的彩妝品和保養品，會有什麼樣的結果呢？你的肌膚屏障將會崩潰，導致肌膚粗糙失衡。當我們的肌膚將彩妝與保養品的成分視為外敵，即使是大人也會出現惱人的粉刺和肌膚發紅等問題。有鑑於此，各位在用基礎保養品時，一定要知道裡面的成分是什麼。

了解上述內容之後，一定還是有些人會想要追求時尚。如果你也是其中之一，不妨選擇可用水和肥皂卸除乾淨的產品。不過，一定要和大人一起確認成分與用法，做過簡單的過敏測試，選擇適合自己體質的產品。

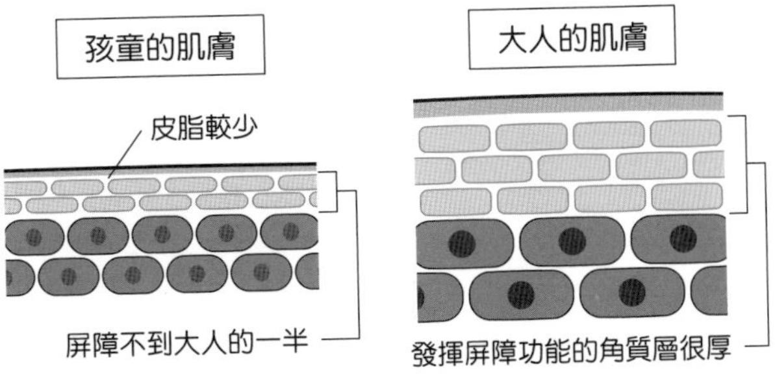
孩童的肌膚
皮脂較少
屏障不到大人的一半
大人的肌膚
發揮屏障功能的角質層很厚
▲孩童與大人的肌膚

施了化妝魔法後一定要恢復原狀

魔法遲早要解除。睡前徹底卸除化妝品，以及一天的髒汙，有助於維持肌膚健康。

一說到清除髒汙，各位一定會聯想到肥皂吧？人類大約在五千年前開始使用肥皂，這代表從很久以前，去除髒汙、恢復乾淨是人類生活的一部分。

人類是在偶然機會下，將動物油脂與草木燃燒後的灰燼（草木灰）混在一起發明出肥皂的。草木灰是含有鉀、磷酸等礦物質的混合物，由於富含氧化鈣，因此是鹼性的。

從電解海水中萃取出氫氧化鈉（鹼性），與存在於大自然的椰子油、棕櫚油等天然油脂（酸性）中和之後，就能製造出現在市面上販售的肥皂。肥皂是同時擁有易溶於水與難溶於水兩種特性的界面活性劑，可用於清除髒汙。

不過，若要從肌膚上卸除成分幾乎都是油脂的彩妝品，只用水與肥皂幾乎沒效，必須使用與彩妝品相同成分的油脂才能卸妝。

卸妝油（卸妝產品）就是利用此特性，用油脂吸附彩妝和肌膚髒汙，再加上界面活性劑，就能用水清除。

總而言之，徹底解除化妝魔法的方法為以下三步驟：①以油脂（卸妝油）卸除、②以界面活性劑（洗面乳）清洗、③以水沖乾淨。

化了妝能讓自己變漂亮，在忙碌了一天之後，一定要徹底卸除乾淨並好好保養肌膚，這一點很重要喔。

▲徹底卸妝的三步驟

利用化學的力量讓髮型隨心所欲

改變髮型可以改變心情，當我們擁有漂亮的髮型，每天都會覺得活力十足。我們可以在家裡捲頭髮，或是像大人一樣去髮廊燙直，各位想知道髮型可以自由變換的祕密嗎？

頭髮的連結很複雜

頭髮就像是柔軟的線。各位知道頭髮是由什麼組成的嗎？頭髮幾乎可以說是由蛋白質組成，而蛋白質是由好幾種胺基酸連結起來，簡單來說，頭髮上排列著許多胺基酸。胺基酸分子彼此連結的方式，決定了頭髮捲度的強度。

胺基酸是由「肽鍵」串起的多胜肽鏈（長鏈胺基酸）組成的，多胜肽鏈彼此之間是以「氫鍵」、「離子鍵」、「雙硫鍵」三種方式連結，形成宛如立體格子鐵架的立體結構。

大人用髮捲做出漂亮的波浪髮型，或是到髮廊燙髮時，可透過化學物質與氧化還原反應重組連結方式。首先要將添加還原劑（巰基乙酸等）和鹼劑（氨等）的藥水抹在頭髮上，切斷支撐立體結構的雙硫鍵。接著將頭髮整理成自己想要的造型，決定好立體形狀後，再塗上氧化劑（過氧化氫等），活化胺基酸分子間的雙硫鍵，

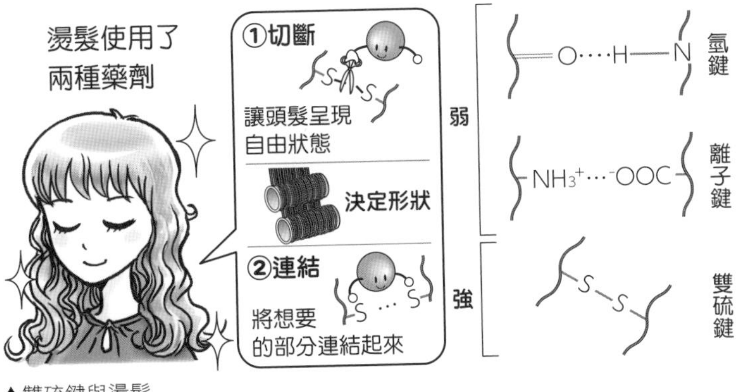
燙髮使用了兩種藥劑
①切斷
S
S
讓頭髮呈現自由狀態
決定形狀
②連結
S … S
將想要的部分連結起來
弱
強
O⋯H—N
氫鍵
NH3+⋯-OOC
離子鍵
S—S
雙硫鍵

▲雙硫鍵與燙髮

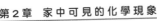

讓胺基酸分子依照自己想要的方式連結，建構出立體的髮型。

早上起床後，是否常發現自己的頭髮到處亂翹，就像鳥窩一樣？此時你的頭髮究竟發生了什麼事？睡覺期間，我們的頭髮會流失水分，頭髮的胺基酸分子透過氫鍵連結成亂翹的鳥窩形狀。由於這個緣故，當我們頭髮沒吹乾就去睡覺，隨著頭髮的水分逐漸流失，早上醒來就會變成鳥窩頭。

下雨天頭髮毛燥的原因與鳥窩頭相反。當環境溼度過高，頭髮的部分氫鍵受到空氣中的水分影響而分離，就會使頭髮毛燥。若要改善毛燥現象，必須重新結合氫鍵。首先，將想要弄直的部分沾溼。氫鍵是一種很脆弱的連結，只要沾溼就會分離。接著用吹風機吹整頭髮，水分流失之後就能重新結合氫鍵，改變髮型。不過，若頭髮吹太乾反而會缺水，適度吹乾即可。

保養頭髮是錦上添花，還是多此一舉？

不只是髮型，保養頭皮和頭髮也很重要。

我們洗頭髮時，為什麼需要按照洗髮精、潤絲精（或護髮乳）的順序使用洗髮產品呢？

第一步，先用洗髮精清潔頭皮和頭髮髒汙。洗髮精大多是以帶有陰離子（負電荷）的界面活性劑製成，可以吸引並包覆帶正電荷的油脂與汙垢，達到清潔目的。

潤絲精和護髮乳的主要成分，以帶正電荷的陽離子界面活性劑為主，可輕鬆吸附帶負電荷的頭髮。藉此調整電荷平衡，避免頭髮產生靜電，打造手指一滑而過的柔順髮質。順帶一提，潤絲精只能讓頭髮表面變柔順，護髮乳可以滲入頭髮內部，調整髮質。

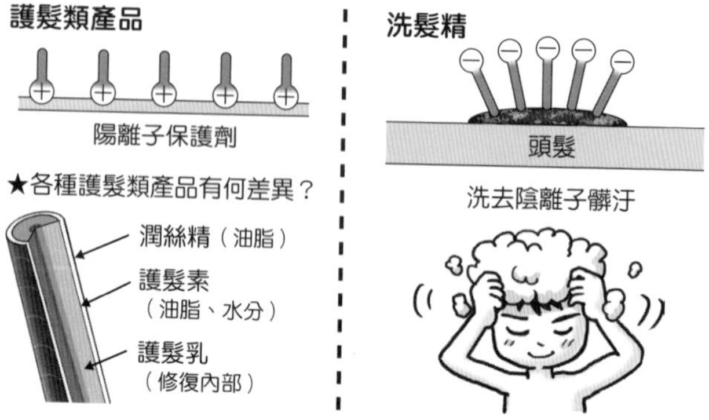

護髮類產品
陽離子保護劑
★各種護髮類產品有何差異？
潤絲精（油脂）
護髮素
（油脂、水分）
護髮乳
（修復內部）
洗髮精
頭髮
洗去陰離子髒汙

▲洗髮精與潤絲精、護髮素、護髮乳

由此可見，頭髮與化學也有密不可分的關係呢！

愛斯基摩精華液

好熱喔。
真是熱啊。
要是你也覺得熱，就趕快想想辦法啊？
你明明就有各種未來道具，
一定有辦法變涼的不是嗎？
我的確有可以變涼的道具，但是不能隨便亂用。
夏天會熱是理所當然的。
偶爾也必須流點汗。
我去外面吹風。
我聽到一件很有趣的事喔。

生活化學驚奇箱 Q&A

Q 水泥是一百年前在日本發明的。這是真的嗎？

A 假的。大約兩千年前的羅馬帝國從火山灰和石灰製作出水泥，用來蓋房子。

你不想試試看自己的能耐嗎？
完全不想!!
第一個認輸的人，一定會被大家笑死的。
真是的。
「愛斯基摩精華液」。
瓶子裡飄著雪耶。
你先喝一口看看吧！
※吸吸
チュー
チュー
我已經喝了……可是沒什麼變化。
還覺得熱嗎？
當然熱囉！好熱好熱。
等等……是我的錯覺嗎？好像變涼快了。
這是從嘴巴喝下的冷氣裝置。
只要說一次「好熱」，就可以感覺到氣溫降低三度。
你說了三次，所以就降低了九度。

生活化學驚奇箱Q&A

Q 空氣中的氧氣是墜落至地球的大量隕石製造出來的。這是真的嗎？

A 假的。地球最早出現氧氣是在大約二十四億四千萬年前，由「藍綠菌」（一種生物）透過光合作用製造出來的。

Q 人體有一種細胞專門生熱。這是真的嗎？

讓你們久等了。
啊!!
很好，有骨氣。
那就趕快開始吧！
※熱～熱氣
カーッ
我的房間會西晒還把房間門窗關得緊緊的。
ムン
ムン
ムン
這根本是地獄!!
不過，反正第一個倒下的一定是大雄。
第一個倒下的人就罰錢怎麼樣？
好啊，這個主意不錯。

A

真的。褐色脂肪細胞可藉由化學反應產生熱量。

※陽光普照

ギラギラ
ギラギラ
嗚、唔、嗚。
我付錢算了!!
我不玩了!!
我也不玩了!!
實在太可疑了。
為什麼只有大雄不怕熱？
快給我從實招來!!
「愛斯基摩精華液」？
喝喝看。

生活化學驚奇箱Q&A

Q 地球有紀錄以來的最高氣溫是攝氏幾度？

① 46.7度
② 56.7度
③ 66.7度

A ②攝氏56.7度。美國死亡谷（Death Valley）在一九一三年七月十日創下最高氣溫紀錄。

※結凍

熱能喜歡搬家？

豔陽下停在戶外的自行車會變熱，放在冰箱裡的食物會變冷，熱是一種可以自由變化的東西。

物質變化與熱能

說到能量，各位會聯想到什麼呢？閃閃發亮的光、讓人感到麻痛的電，還是令人滿頭大汗的熱。這些都是能量。

存在於我們身邊的物質，都是由一群原子結合的團所組成。團和團之間互換原子之後，才會形成與原有物質不一樣的物質，此現象稱為化學變化。

另一方面，只改變外形，沒改變整體物質的變化稱為物態變化（參見三十六頁）。無論是化學變化或物態變化，產生變化時都有熱能進出。

總結來說，我們身邊的物質在產生變化的時候，能量也會開始移動。而且移動的大多是熱能，熱能真的很愛搬家呢！

化學變化與熱能進出

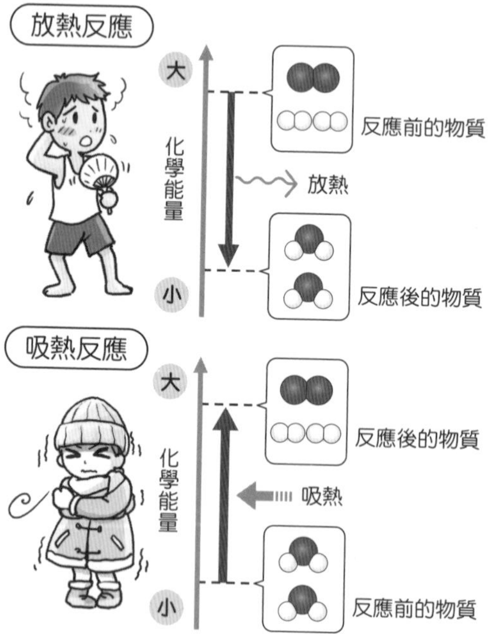

放熱反應
大
化學能量
小
反應前的物質
放熱
反應後的物質
吸熱反應
大
化學能量
小
反應後的物質
吸熱
反應前的物質

▲放熱反應與吸熱反應

產生化學變化時，原子的種類和數量與反應前沒有差異，但組合方式會改變（參見四十頁）。

原子與其他原子手牽手需要的能量，依對象而不同。由於這個緣故，如果靠化學變化改變原子的組合，就必須將多餘的熱能排出去，從外部吸收不足的能量。此時移動的熱稱為**反應熱**。

將多餘的熱排出到周遭，同時繼續化學反應的現象稱為**放熱反應**；從周遭吸收不足的反應熱，以維持化學反應的現象稱為**吸熱反應**。物質在反應前擁有的能量若是超過反應後，就會釋放熱，而這個化學變化就是放熱反應。

舉例來說，我們煮飯做菜時會用瓦斯。日本的天然氣管線瓦斯含甲烷，燃燒甲烷與氧氣結合，就會變成二氧化碳與水。改變原子組合可以形成其他物質，多出來的能量以熱的形式釋放出去。我們就是利用這個熱能來煮飯做菜。

物態變化和熱的進出

水受到溫度影響變成冰或水蒸氣的現象，稱為物態變化，熱也會在這個時候頻繁進出。

冰是分子們凝固的固體狀態，水屬於稍微受限但可以小範圍移動的液體狀態（參見三十五頁），水蒸氣則是分子可以自由移動的氣體狀態。比起水（液體），冰（固體）的吸引力大於活動力，因此從固體變成液體時，一定要從外部取得足以擺脫吸引力的力量（參見三十六頁），此力量就是熱能。

簡單來說，冰吸收熱能變成水，水也需要熱能變成水蒸氣。相反的，水蒸氣變成水或水變成冰時，就需要釋出熱能，出現凝固現象的物態變化。

在物態變化的過程中，熱能在物質內用完，不會釋出，讓這段期間維持一定溫度。

善用熱的力量！

天氣熱的時候，我們總是希望涼爽一點；天氣冷的時候，又希望環境溫暖一點。話說回來，我們的日常生活中有許多例子是運用化學反應控制溫度，你知道有哪些嗎？

利用釋出的熱

撕開包裝袋，拿出來就能立刻發熱的暖暖包，是想要溫暖身體時十分好用的物品。不過，各位知道暖暖包的作用機制嗎？

請各位看一下暖暖包外包裝上的成分說明。不同廠商的成分多少有些差異，但是應該都有「鐵粉、水、鹽類、活性碳」等成分吧？

將暖暖包從包裝拿出來時，原料裡的鐵與水，就會和空氣中的氧氣產生化學反應。在此反應中，鐵出現「氧化」現象，形成「氧化鐵」，和生鏽是一樣的狀況（參見一〇一頁）。

鐵慢慢的與空氣中的氧氣結合，氧化時產生放熱反應。暖暖包就是利用此時產生的熱能（反應熱）幫助我們保暖身體。

既然如此，為什麼要放鹽類和活性碳呢？各位不妨回想一下生鏽的作用機制。將鐵製物品放在雨天過一晚，並不會立刻生鏽。在自然狀態下，鐵氧化變成氧化鐵需要時間。也就是說，要有足夠的時間才能產生鏽蝕。

這時就需要借助鹽類的作用。鹽可以促進鐵與氧氣產生化學反應，撕開外包裝時，讓暖暖包立刻

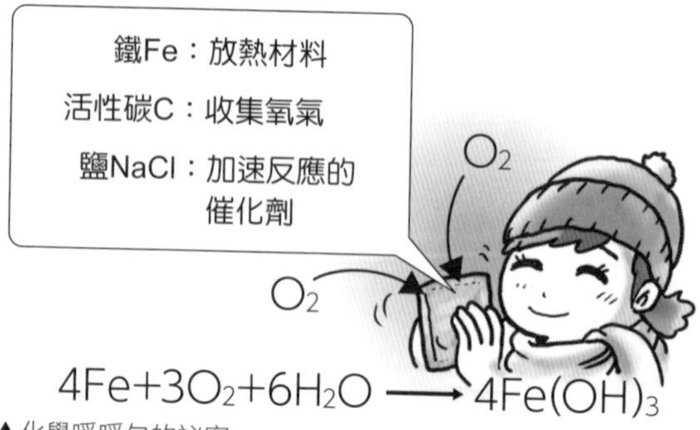

鐵Fe：放熱材料
活性碳C：收集氧氣
鹽NaCl：加速反應的催化劑
O_2
O_2
$4Fe+3O_2+6H_2O \longrightarrow 4Fe(OH)_3$

▲化學暖暖包的祕密

生熱。各位是否聽說過，放在海邊的金屬製品很容易生鏽？這是因為充滿鹽的海風接觸鐵，就會使鐵氧化。之前已經說過，促進某項反應的物質稱為催化劑。暖暖包裡的鹽就是催化劑。

另一方面，活性碳在這裡是發揮什麼作用呢？活性碳可以吸附空氣中的氧氣。多虧有了活性碳收集大量氧氣，讓鐵更容易氧化。

將鐵磨成細粉，是為了增加鐵與氧氣的接觸面積。綜合上述原因，當我們拿出暖暖包，接觸到氧氣後，它就會立刻反應，產生熱能。暖暖包的包裝經過設計，有助於原料產生最適合的溫度，各位使用時請務必小心，不要把暖暖包弄破了。

除此之外，有些商品也利用了放熱反應。可輕鬆加熱便當的容器使用的發熱劑，利用了氧化鈣和水的化學反應。只要將容器底部的繩子往外拉，就能弄破裝水的袋子，立刻釋出化學反應產生的反應熱。加熱便當就是利用這個反應熱。

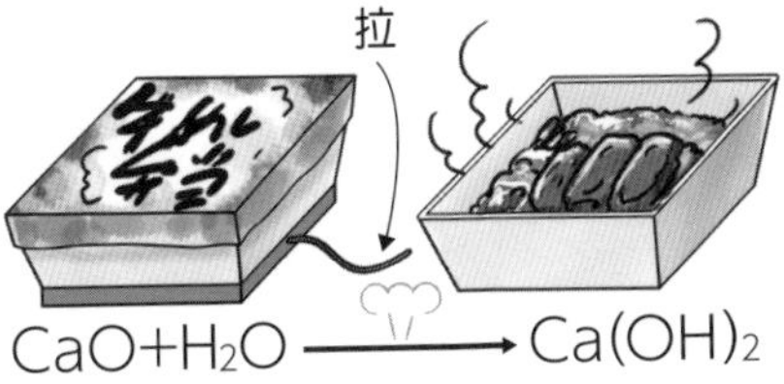
拉
$CaO+H_2O \longrightarrow Ca(OH)_2$

▲自動加熱的便當容器

氧化鈣也是海苔和點心使用的乾燥劑常見的原料，有助於預防溼氣。乾燥劑的包裝上寫著「不可碰水」，是因為一碰水就會立刻生熱，一定要小心使用。

近來市場上出現了可加熱袋中食物的露營用、防災用發熱劑。和剛剛介紹過的加熱便當相同，這些發熱劑先利用氧化鈣和水產生反應，生成氫氧化鈣後，就能立刻與鋁粉反應，產生更大、足以加熱食物的反應熱。

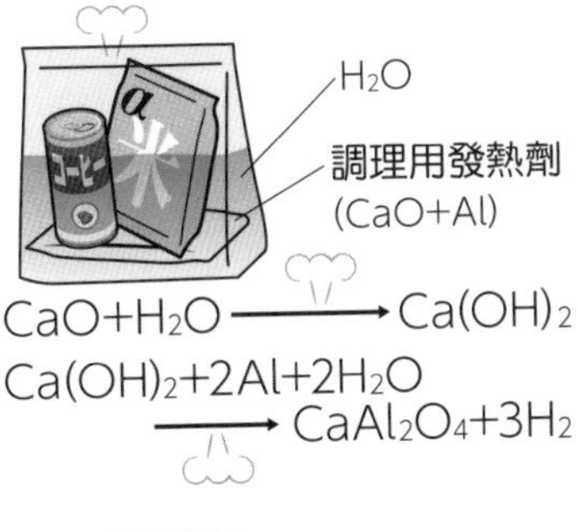
H_2O
調理用發熱劑
(CaO+Al)
$CaO+H_2O \longrightarrow Ca(OH)_2$
$Ca(OH)_2+2Al+2H_2O \longrightarrow CaAl_2O_4+3H_2$

▲調理用發熱劑

利用吸收熱的機制

接下來介紹保冷產品。

可以急速變冷的「爆冰包」，是一種裡面裝著水袋的產品。使用時必須敲打彎曲，使水袋破裂，水與外袋的硝

酸氨與尿素就會溶解於水中，產生吸熱反應，向周遭吸熱。由於這個緣故，保冷袋會瞬間變冷，一直維持冷度到反應結束為止。

可預防蛀牙的木糖醇口香糖，只要放入口中，就能讓人感覺神清氣爽。這一點是利用了木糖醇溶於水中產生的吸熱反應。許多商品都運用了放熱與吸熱的化學反應。

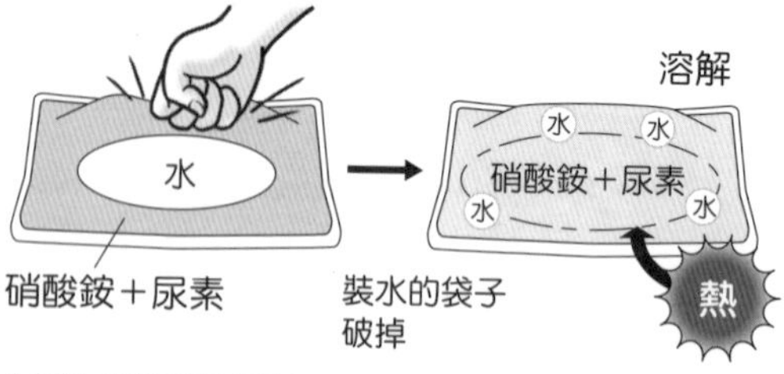

水
硝酸銨＋尿素
溶解
水
水
硝酸銨＋尿素
水
水
熱
裝水的袋子
破掉

▲爆冰袋與吸熱反應

利用水的物態變化

不只是化學變化，物態變化產生的反應熱也是我們生活中常用的能量。

即使流汗也很涼爽的涼感衣就是其中一例。汗流越多越涼爽，聽起來似乎很神奇，事實上只要利用物態變化的放熱與吸熱就能做到。涼感衣使用易乾纖維製成，

灑水
噴霧水幕

▲身邊常見的汽化熱範例

▼退熱貼

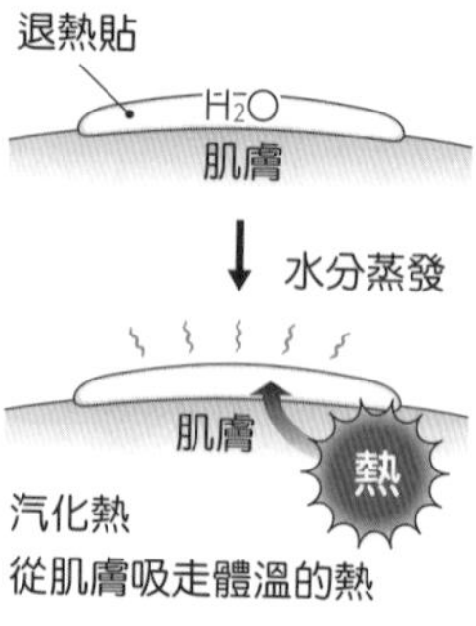

退熱貼
H_2O
肌膚
水分蒸發
肌膚
熱
汽化熱
從肌膚吸走體溫的熱

汗水附著在纖維上很快就乾。汗中的水分蒸發時會吸走周遭的熱，因此讓人感到涼爽。

接著要介紹發燒時貼在額頭的退熱貼。退熱貼的主要原料是「水」與保水「高分子凝膠層」。水分蒸發時吸走體溫的熱，是退熱貼有助於退燒的原因。吸走體溫的熱，可讓貼著退熱貼的額頭部分冷卻，感到舒適。

這些用品利用的都是當水從液體變成氣體，在物態變化期間，**汽化熱**帶走熱能的機制。此外，夏天天氣熱時，不少人會在自家門口灑水降溫，街上也會看到噴霧水幕，這些

做法並不是因為水冷而覺得涼爽，而是利用水蒸發時會吸收周圍熱量的特性。用酒精消毒手部時，會感到涼涼的，這也是因為液態的酒精轉變成氣態（蒸發）時，從皮膚吸收了熱量造成的。

熱量沒變，感受卻不同

在熱量本身沒有變化的狀況下，也有辦法可以透過改變感受到熱或冷。

在炎熱的夏天，使用含有薄荷香氣的防蚊液時會感覺涼爽。但其實那個涼爽的感覺只是大腦的錯覺，實際的溫度並沒有降低。

事實上，我們身體內用來感覺溫度的溫度受體，可以同時感受到化學物質。這個稱為TRP（Transient Receptor Potential，瞬態電位受體）通道的受體有幾個類型。

冷感受體的TRP通道可以感受到薄荷的主成分薄荷醇等化學物質，所以溫度雖然沒有降低，我們還是有「涼爽」的感受。

另一方面，居住在寒冷地區的人們，會將辣椒放在襪子裡保暖雙腳，或是在冬天喝一碗熱薑湯溫暖身體。這都是因為TRP通道中的「辣椒素受體」發揮作用的關係，即使氣溫並未上升，我們仍然會感到「辣」與「熱」。

各位發現了嗎？熱和辣其實是相同感覺。

二〇二一年諾貝爾生理或醫學獎得主，就是辣椒素受體的發現者。只要善用人體內的神奇受體，就能成功消暑或禦寒。

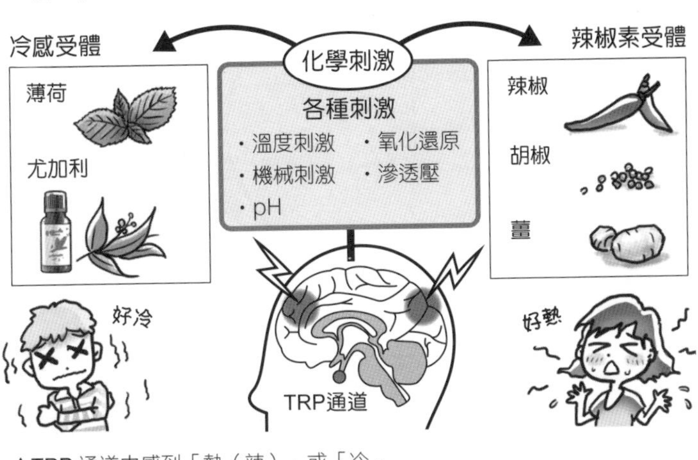
冷感受體
化學刺激
辣椒素受體
薄荷
尤加利
各種刺激
・溫度刺激
・氧化還原
・機械刺激
・滲透壓
・pH
辣椒
胡椒
薑
好冷
好熱
TRP通道

▲TRP 通道中感到「熱（辣）」或「冷」

宇宙戰艦
襲擊大雄

我的阿姨作了一個墜機的惡夢。
連續三天都作了同樣的夢。
因為心裡覺得毛毛的，所以就把出國旅遊的日期延後，
結果……
阿姨原本要搭的那班飛機真的發生意外……
咦——這麼說來，靜香的阿姨是託這個夢的福，才撿回一條命。
啊哈哈～這只不過是巧合罷了。
是嗎……？
不能這麼斷言喔！
事實上，真的有很多關於「預知夢」的例子。人類的確常常會出現類似這樣的超能力喔。
出木杉你真的懂好多喔。
我想起來了，我家爺爺戰死時……

生活化學驚奇箱Q&A

Q 人類的能力絕對無法模仿光合作用。這是真的嗎？

A 假的。人類已經在研究如何利用工廠排出的二氧化碳和陽光製造出塑膠等原料。

長官，您看看右側前方的星球。
哪裡？
不僅有空氣和水，好像還有生物居住耶。
好！就決定征服那顆星球吧!!
※坐起
ガバ
你作了可怕的夢啦？
什麼？外星人要來征服地球!?
可、可是……這實在太不真實……
你這樣一說……我也覺得很難相信。
可是「預知夢糖」是絕對不會說謊的。
你再繼續睡好了。也許可以看到他們接下來的動靜。

生活化學驚奇箱Q&A

Q 金星有一層以何種物質形成的雲？①水銀 ②玻璃 ③硫酸

A ③硫酸。金星充滿二氧化碳，溫室效應十分強烈，地表溫度將近攝氏五百度，大氣中有以硫酸形成的雲。

鼾……
進入大氣層了！
登陸在前方那座島上。
先找找看有沒有可以當作食物的生物。
他們直接往日本來了。
真、真的假的!?
快報警!!
打電話給總統……不、還是打給警察局局長吧。
別開這種無聊的玩笑。
沒有人相信我們。
這是當然的啊……
糟了，這下該怎麼辦？

媽媽會相信我們嗎？
要跟我商量什麼事嗎？
說了也是白說吧。
？
也許你們不肯相信……
不過這可是攸關人類的生存或滅亡啊……
啊哈哈哈哇哈哈哈嘻嘻嘻嘻……
跟他們根本說不通。
要不要去跟出木杉說說看？
對喔，出木杉很聰明，也許會相信我們說的……
什麼！外星人!?
不得了，我們得趕快想個對策才行。
你相信我們嗎？
!!

生活化學驚奇箱Q&A

Q 牛做的哪個動作所釋出的物質，與造成地球暖化的成分相同？①打嗝 ②尿尿 ③大便

為了預防這種危急時刻的到來，我一直都在偷偷研究太空飛彈。今天晚上我會想辦法完成的。
真不愧是出木杉。
對不起！剛剛竟然取笑你們。
也讓我們加入地球防衛隊吧。
到了這種地步，我們只好挺身而出，來保護地球了。
我們該如何對抗宇宙戰艦？
請大家提出意見吧。
呃～連一個方案都沒提出來，就已經天黑了。
啊啊～該怎麼辦才好啊？
快到吃晚飯的時間了耶。
晚餐和地球哪個重要啊？
不知道出木杉的太空飛彈做得怎麼樣了。
問完就回來喔。
什麼!?你們當真啊。
你說什麼!?

A ①打嗝。牛的嗝含有甲烷氣體，甲烷導致地球暖化的作用比二氧化碳還強。

今天是四月一日愚人節啊，反正好玩，所以我就假裝被大雄騙啊。
ボカ
※揍
你竟敢騙我們。
大雄，振作點。
唔……
發現兩隻生物！
嗯～看起來好像很難吃……
總之先吃吃看再說吧。
前進!!
※轟轟轟
呀啊!!
哇——他們朝著我來了。

生活化學驚奇箱Q&A

Q 有一種藥是用黴菌製成的，這是真的嗎？

真的。盤尼西林這款藥是從青黴菌製造的物質中發現的。

パク
※吞入
好像有東西跑到我的嘴巴裡了……
是蟲吧？
先別管這個，宇宙戰艦在哪裡？
嗯……好奇怪喔……
大雄振作一點好不好？
怎麼了？
我突然覺得好冷喔。
哇！好燙喔!!
呃~好難受喔~~
忍耐一下，我用「醫生手提包」幫你檢查看看。
奇怪？
你的胃裡有怪東西。
都是些我沒看過的細菌。
這就是你不舒服的原因吧。

※注入
幫你打一劑「超強力疫苗」喔。
プチュ
好痛喔。
全員撤退!!
※咳咳
ケ゛ホ゛
原來是細菌要征服地球。
你可不能小看細菌喔。
要是奇怪的傳染病在全世界蔓延開來就糟了。
我們總算保住地球了。
咳咳!
咳咳!!
搞不好是要來征服地球的病毒，我幫你看看啦。
愚人節都過了，還在玩啊?

病毒入侵！

人類的歷史也是與疾病搏鬥的戰役。無論哪個年代，病毒導致的傳染病都讓人類痛苦不已。

病毒是生物？

人體是由很小的細胞結合在一起組成的，其他的動物、植物和微生物、小細菌也是由細胞組成。細胞建構了生物的基本型態。

不過，病毒完全不是這麼一回事。病毒的核心是記錄自身資訊的核酸（建構身體的設計圖），由蛋白質形成的殼包覆。沒有細胞的病毒不是生物，也就是說，病毒光靠自己無法存活。既然如此，病毒是如何生存、又是如何增殖的呢？

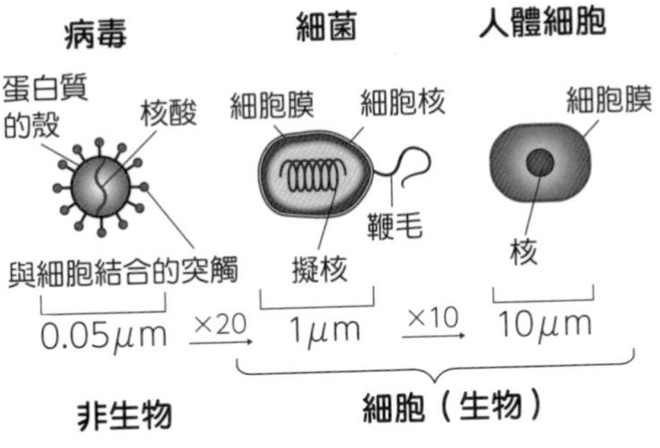
病毒
細菌
人體細胞
蛋白質的殼
核酸
細胞膜
細胞核
細胞膜
鞭毛
核
與細胞結合的突觸
擬核
0.05μm
×20
1μm
×10
10μm
非生物
細胞（生物）

▲病毒、細菌、細胞

▼細胞是病毒活下來的原因

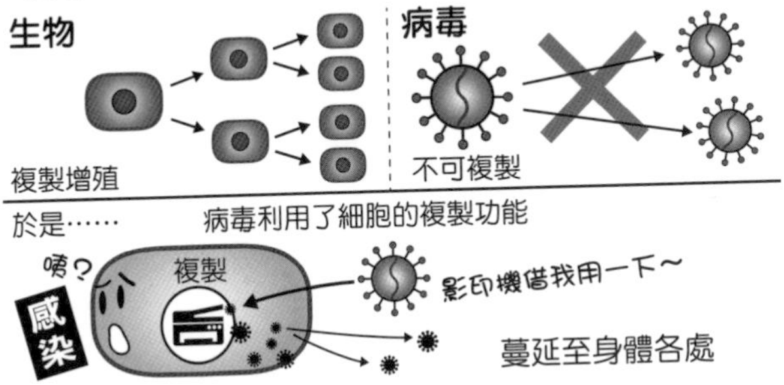
生物
病毒
複製增殖
不可複製
於是……
病毒利用了細胞的複製功能
咦？
複製
感染
影印機借我用一下～
蔓延至身體各處

人體細胞核中的DNA（生物設計圖）記錄著細胞資訊，只要複製就能增殖。這個現象稱為細胞分裂。另一方面，病毒雖然也有可以複製的資訊，卻沒有複製的機制，因此光靠自己無法增殖。為了能繁衍下去，病毒會搶奪其他細胞中的養分，將自己的資訊與細胞一起複製，藉由這個方式增殖。病毒入侵細胞的狀態稱為**感染**，讓人類感染病毒，是病毒必要的生存戰略。

為了抵抗外敵

當病毒為了存活拚命攻擊人類細胞，人體也會盡全力迎頭痛擊。人類具備的**免疫功能**是保護身體不受外敵入侵的防禦系統。若想進一步了解詳情，請上網搜尋免疫功能。免疫系統不只對抗外敵，還會記住入侵過的敵人樣貌，做好下次對戰的準備。**疫苗（預防接種）**有助於建構此對戰系統。

▼疫苗有幾種

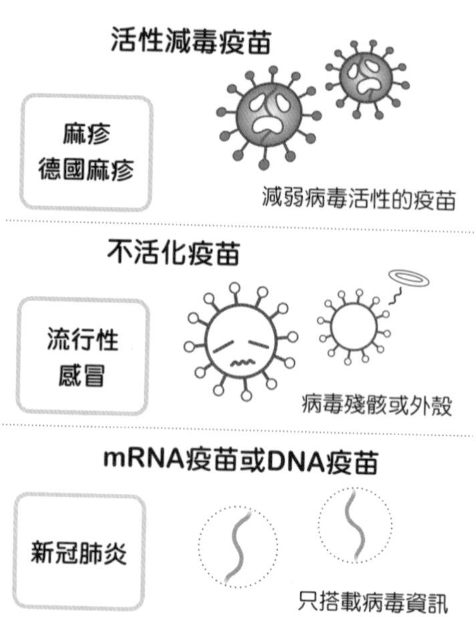
活性減毒疫苗
麻疹
德國麻疹
減弱病毒活性的疫苗
不活化疫苗
流行性
感冒
病毒殘骸或外殼
mRNA疫苗或DNA疫苗
新冠肺炎
只搭載病毒資訊

疫苗是將活性減弱的病毒、病毒外殼或無法引發疾病的病毒資訊（核酸）注射至體內，讓人體在染病前喚醒免疫系統，做好大戰一場的準備。

即使免疫系統充分發揮作用，病毒還是有可能侵入體內，此時就要仰賴抗病毒藥物。治療流感的藥物也是抗病毒藥物的一種，抗病毒藥物的作用不是擊退病毒，而是阻止增殖的病毒將自己的資訊傳送給細胞，或是避免病毒轉移至其他細胞，藉由這個方式不讓病毒擴散。

話說回來，只有免疫系統可以殺死病毒。病毒是由與人體細胞相似的原料組成的，還借助人體細胞的力量增殖，因此很難製作出不影響身體，只會殺死病毒的物質（治療藥物）。

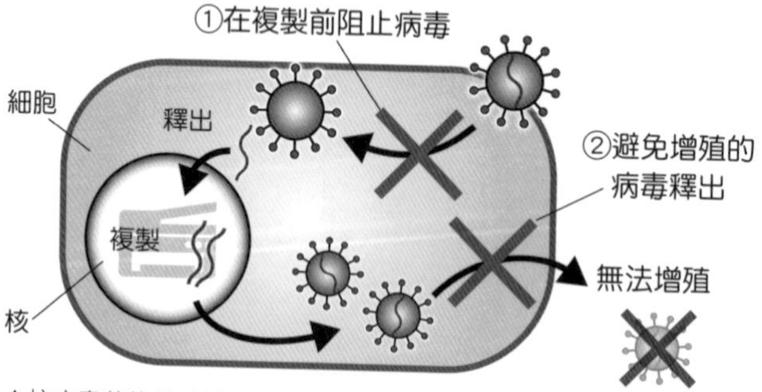
①在複製前阻止病毒
細胞
釋出
②避免增殖的
病毒釋出
複製
無法增殖
核

▲抗病毒藥物的功效

藥物的成分是化學物質

當我們感覺身體不舒服的時候，會到醫院看醫生拿藥，或去藥局購買成藥。藥物已經成為我們生活中不可或缺的東西。各位請注意，藥物都是由化學物質組成的。

無論感冒發燒、牙痛或肌肉痛，我們都會吃藥退燒止痛。這類藥劑稱為**解熱鎮痛劑**，透過抑制引發疼痛、發炎、發燒等物質的方式，舒緩發燒或疼痛的症狀。此外，有些解熱鎮痛劑會直接作用於控制體溫和感覺的大腦區域，緩解疼痛。

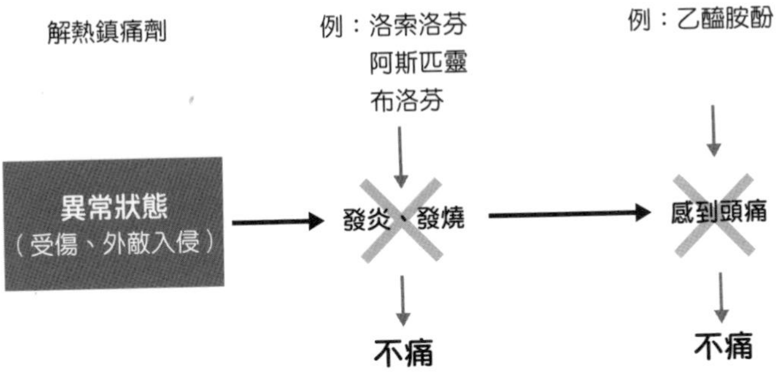

解熱鎮痛劑
例：洛索洛芬
阿斯匹靈
布洛芬
例：乙醯胺酚
異常狀態
（受傷、外敵入侵）
發炎、發燒
感到頭痛
不痛
不痛

▲疼痛機制與解熱鎮痛劑發揮作用之處

由於解熱鎮痛劑的種類很多，各位一定要遵守醫生和藥劑師提醒的注意事項，不可任意服用。

各位肚子痛的時候會怎麼做？當你感到噁心想吐，此時醫生開的藥稱為**腸胃藥**。顧名思義，這是用來治療腸胃疾病的藥物。腸胃藥的作用包括中和強烈胃酸、減少對於腸胃黏膜的刺激、提高消化酵素的功效、減緩胃酸分泌等。

舉例來說，氧化鎂除了可作為中和胃酸的腸胃藥使用之外，還可以提高腸道滲透壓增加水分，使糞便軟化，促進排便，發揮便祕藥的功效。

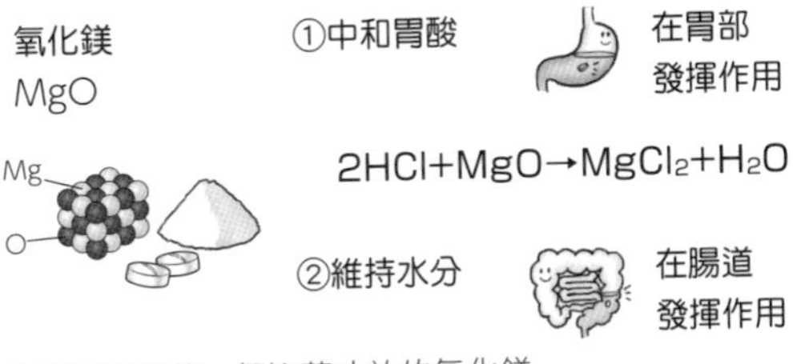

氧化鎂
MgO
①中和胃酸
在胃部
發揮作用
2HCl+MgO→MgCl2+H2O
Mg
O
②維持水分
在腸道
發揮作用

▲發揮腸胃藥、便祕藥功效的氧化鎂

消毒？除菌？還是殺菌？

各位知道消毒與除菌是看似相同、實則不同的兩個詞彙嗎？

消毒 消除細菌和病毒的毒性。

除菌 減少細菌的數量，包括殺死特定細菌，也可以稱為殺菌。

抗菌 使細菌無法使用細胞的複製功能，抑制細菌增殖，但無法減少細菌數量。

總的來說，消毒可將細菌變成無害物質；除菌與殺菌可破壞細菌，減少數量；抗菌可預防細菌增殖。消毒和殺菌通常是同時進行的。

首先與各位介紹經常用來消毒手部的酒精。酒精消毒液的主成分是乙醇，乙醇可以使蛋白質變性（參見七十三頁），破壞細菌和病毒的外殼，去除其毒性。乙醇是酒類也含有的物質，進入人體可徹底分解，用起來較安心。

另一方面，漱口水或牙醫師使用的消毒藥劑等消毒口腔的用品，大多使用含碘物質。碘和乙醇一樣，可使蛋白質變性，破壞病毒結構。碘不適合內服，用於口腔時一定要吐掉。

各位聽過次氯酸嗎？次氯酸可通過生物的細胞膜，損害細胞內部，是很有效的殺菌消毒劑，常用於食品工廠。用水稀釋次氯酸後，噴灑在物體上（殺菌）靜置一段時間，接著再擦拭（去除剩下的外殼），就能發揮殺菌消毒的效果。不過，濃度足以殺菌消毒的次氯酸水，對生物（包括人類）來說是有毒物質，使用時一定要做好防護措施，避免直接接觸或吸入體內。

小知識

次氯酸與次氯酸鈉

這兩個物質不僅名稱相似，也都具有殺菌效果。次氯酸（HClO）屬弱酸性到中性，可用於消毒食品；次氯酸鈉（NaClO）屬強鹼性，常用於殺死自來水或泳池水的細菌。此外，次氯酸鈉還能溶解汙垢，具有超強的漂白作用，因此也是漂白水的成分之一。

侵略地球的其實是人類！

我們與入侵體內的病毒奮戰，事實上，人類很可能才是那個入侵地球的外敵……

富裕便利的生活就是侵略地球的結果

科技每天都在進步，讓我們的生活富裕便利，但背後付出的代價，是我們生活的周遭環境和整個地球都面臨許多重大危機。

日本過去曾經出現過「四大環境公害病」。工廠與煉油廠排出的廢水、廢氣（白煙），造成周遭生物和人類極大傷害。

仔細研究四大環境公害病，就會發現都是為了製造人類需要的用品所產生的廢棄物（原因物質），直接排放至自然環境（河川、大海、空氣）中，被生物吸入體內後引起的。

水俣病的肇因是製造乙醛（塗料與溶劑原料）過程中產生的甲基汞；四日市哮喘源自燃燒石油所排放的廢氣；痛痛病的主因是在礦坑取出金屬後剩下的鎘。

如今人類進行了各種研究，科技技術也日新月異，開發出更新的製造與廢棄方法，持續努力避免產生引起環境公害病的有毒物質。而化學對於預防公害也有許多幫助。

〈日本四大環境公害病〉

四大環境公害病	發生地點	原因物質	症狀
水俁病	熊本縣 水俁灣一帶	甲基汞 （有機汞）	語言障礙、 運動功能障礙、 感覺障礙等
第二水俁病 （新潟水俁病）	新潟縣 阿賀野川流域		
四日市哮喘	三重縣 四日市市	氧化物	支氣管哮喘、 肺氣腫等
痛痛病	富山縣 神通川流域	鎘	骨骼軟化（骨質疏鬆症）、腎功能衰竭等

人類對地球的影響 以不同形式反噬人類

當人類將有害健康的氣體排至空氣中，我們就會吸到有害空氣，影響身體健康。這一點可以從「四日市哮喘」得到佐證。既然如此，我們是否可以持續排放不危害人體的物質？

地球暖化是近年來新聞經常報導的環保議題。地球暖化的主要原因是來自溫室效應氣體，亦即大氣中的氣體（二氧化碳、甲烷、氯氟烴等）。溫室效應氣體的作用是鎖住熱氣，讓地球溫暖，有助於打造適合生物棲息居住的環境，對地球來說是很重要的氣體。如果是這樣，為什麼我們不喜歡導致地球暖化的氣體？

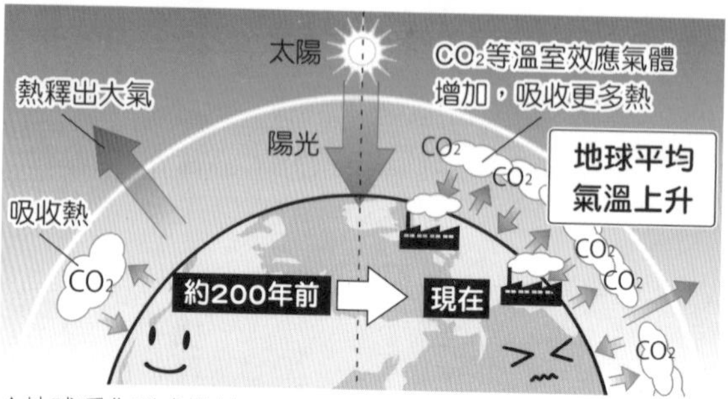
太陽
CO_2等溫室效應氣體增加，吸收更多熱
熱釋出大氣
陽光
地球平均氣溫上升
吸收熱
CO_2
約200年前
現在
▲地球暖化形成機制

原因在於溫室效應氣體每年都在增加。人類燃燒煤炭和石油，獲得許多能源，同時也排放二氧化碳。二氧化碳會將熱氣鎖在地表上，若大氣中的二氧化碳太多，熱氣排不出去，地球氣溫就會越來越高。

此外，砍伐森林開發土地也是導致地球暖化的原因之一。植物的**光合作用**是吸收二氧化碳，釋出氧氣和養分。當人類大量砍伐森林，減少植物數量，就會減少二氧化碳的吸收量。

酸雨是大氣汙染導致的環境問題。汽車與工廠排放出二氧化硫、氮氧化物等有毒氣體溶入雨滴中，形成pH值比正常雨水更酸的酸雨。酸雨會溶解水泥，使金屬生鏽，嚴重影響我們的生活。帶有強酸性的雨還會使森林枯死，河水也變酸。最後，讓地球變成不適合生物棲息居住的世界。

▲酸雨與其影響

為了讓我們存活下去，不只要確保空氣和水的安全性，也要打造宜居社會，這一點很重要。

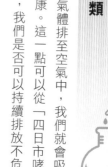

保護地球的巧思

人類享受富裕便利生活的代價，就是必須面臨許多的環境問題。而我們人類現在做了哪些努力，解決這些問題呢？

垃圾問題與環保回收

我們可以做些什麼，為解決環境問題盡一份心力呢？各位每天做的垃圾分類，就是解決環境問題的方法之一。

在日本垃圾的最終處理方式有兩種，一種是焚燒，一種是掩埋。將垃圾放入焚化爐處理會產生溫室效應氣體，但掩埋垃圾也不是最好的方法。垃圾掩埋在土裡會流出有害物質，嚴重影響周遭環境，可以掩埋垃圾的地方也有限，很快達到飽和。

透過垃圾分類，增加可以回收再利用的比例，就能充分利用有限資源。減少必須焚燒或掩埋的垃圾量，也能減少處理垃圾的燃料消耗量。

垃圾分類還能減少溫室效應氣體的發生量，有助於保護環境。由於各地的分類方式不同，請務必向家長確認喔！

保護海洋環境也很重要。我們生活中常見的塑膠製品若是丟進海裡，就會受到海浪和紫外線的影響，破裂成5毫米以下的塑膠微粒。這些塑膠微粒雖然很細微，卻無法被自然分解，會留在大自然裡好幾百萬年。海中生物還很可能將塑膠微粒吃進肚裡，也可能被塑膠廢棄物纏住、撞傷或割傷，甚至

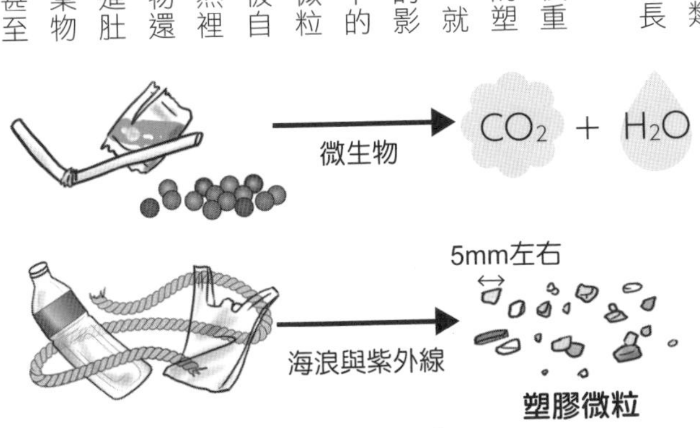

▲生物可分解塑膠（上）與一般塑膠（下）

失去性命，引發嚴重的生態問題。

使用**生物可分解塑膠**（參見刊頭彩頁）有助於解決這個問題。生物可分解塑膠使用萃取自生物的物質製成，包括人體也會製造的乳酸、植物成分纖維素、微生物製造的生物聚酯等。使用後可被存在於自然界的微生物分解。

以PVA（聚乙烯醇）、PLA（聚乳酸）製成的容器和塑膠片，是我們最常見的生物可分解塑膠製品。這些材質都是由碳、氫、氧等三元素組成，結構相當單純，與葉子和動物屍體一樣，可以靠微生物分解成水與二氧化碳。生物可分解塑膠的耐用度比一般塑膠差，價格也較高，是其缺點所在，但人類仍在持續開發新素材，期待更好的發展。

空氣清淨機與靜電

如果排出的廢氣會造成環境問題，只要將排出的氣體重新淨化即可。空氣清淨機就是達成這個目的的最好幫手。最近有許多家庭和商店都在室內安裝空氣清淨機，以淨化室內空氣。

空氣清淨機搭載的濾網可以捕捉空氣中的髒汙和微粒。此濾網的網目很細微，還帶有些許電荷。

同一物質裡同時帶有正電荷與負電荷的狀態稱為**電極化**。空氣中的微粒在穿過濾網前會接收電力，帶正電荷或負電荷的微粒撞到濾網，就會被電極化濾網纖維吸引，附著在濾網上。這類利用微粒間吸引力的濾材稱為**靜電濾材**。

這樣的靜電技術稱為駐極體技術，其實是用來將聲音轉換成電訊號的技術，在日常生活中，最常運用在錄音用的麥克風上。

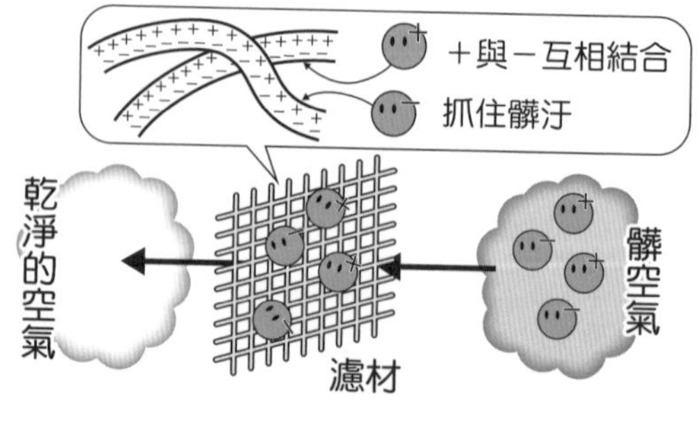

▲靜電濾材

到處都有的光觸媒究竟是什麼？

各位聽過光觸媒嗎？光觸媒是利用光的能量促進化學反應的物質。在植物葉子裡的葉綠素利用陽光製造養分，葉綠素就是貨真價實的光觸媒。

二氧化鈦是我們身邊最具代表性的光觸媒，也是常用於食品添加物和化妝品的無害物質。陽光照射二氧化鈦，就會產生電子（⊖）與電洞（⊕）（參見一六七頁）。電子會還原空氣中的氧氣，製造活性氧。電洞則會氧化材料表面的水，製造出威力十足的氧化劑「自由基」。簡單來說，二氧化鈦的表面會產生氧化還原反應。自由基可氧化分解表面髒汙和異味物質，發揮防汙、防臭和抗菌效果。

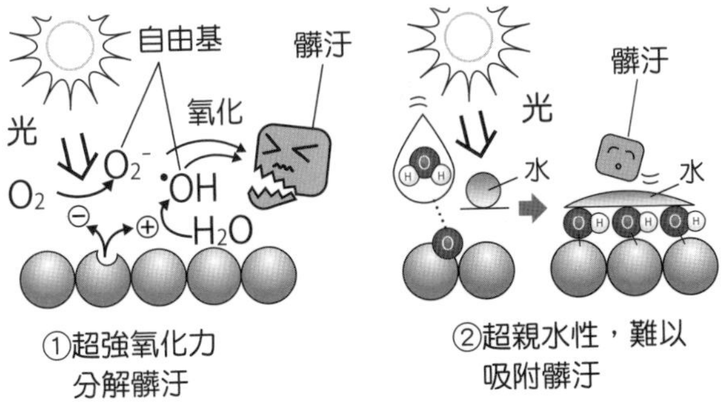

▲光觸媒表面引起的反應

此外，在物體表面塗上一層薄薄的二氧化鈦，電洞和自由基會使表面氧化，變成OH基，帶有**超親水性**（極容易溶於水的性質）。當物體表面帶有超親水性，水會往外散開，不形成水滴，不易起霧。

光觸媒靠著「自由基的超強氧化力」分解髒汙或有害物質，利用「超親水性」讓雨水洗去髒汙，發揮**自我清潔功能**。有鑑於此，難以打掃的巨蛋體育館、體育設施的天花板、牆壁、身邊常見的玻璃窗等，都會使用光觸媒達到防起霧、防髒汙等目的。

不過，光觸媒也有缺點。那就是光觸媒必須靠陽光中帶有高能量的紫外線照射，才能發揮效果。這也是光觸媒通常運用在戶外的原因。話說回來，根據最近的研究，人類已經開發出利用螢光燈等室內燈光，也能發揮效果的光觸媒。

擁有強烈氧化力，代表可以破壞細菌和病毒外殼，相信光觸媒未來也能應用在殺菌消毒的領域之中。

強力電池

學習繪本
雨滴男孩
嗯……
嗯……
你肚子痛啊？
很久沒讀到這麼有趣的書了，
我很感動啦。
這是之前小奇來我們家玩忘記帶走的繪本嘛。
管它是不是繪本，好看就好啦！
從天而降的水滴男孩落在巨大的水壩裡……

然後轉動發電機產生電力，
電力再經由電線傳送到各個地方，
點亮電燈、讓工廠的馬達運轉、提供電車動力。
那個小小的雨滴居然能讓巨大的電車移動耶!!
我知道啦，是水力發電啊。
所以我有一個想法。
嗯，思考是一件好事情。
我的力氣很小，每次都被欺負……
不過如果我把力量儲存起來使用，應該就會變強了吧。
你難得想到好主意呢！
我有一個很適合你的道具喔。
「強力電池」。
先將電池裝進盒子，再將電線接到兩手上。

Q 專家認為人類第一次使用的鐵是哪一種鐵？①熔岩中的鐵 ②隕石中的鐵

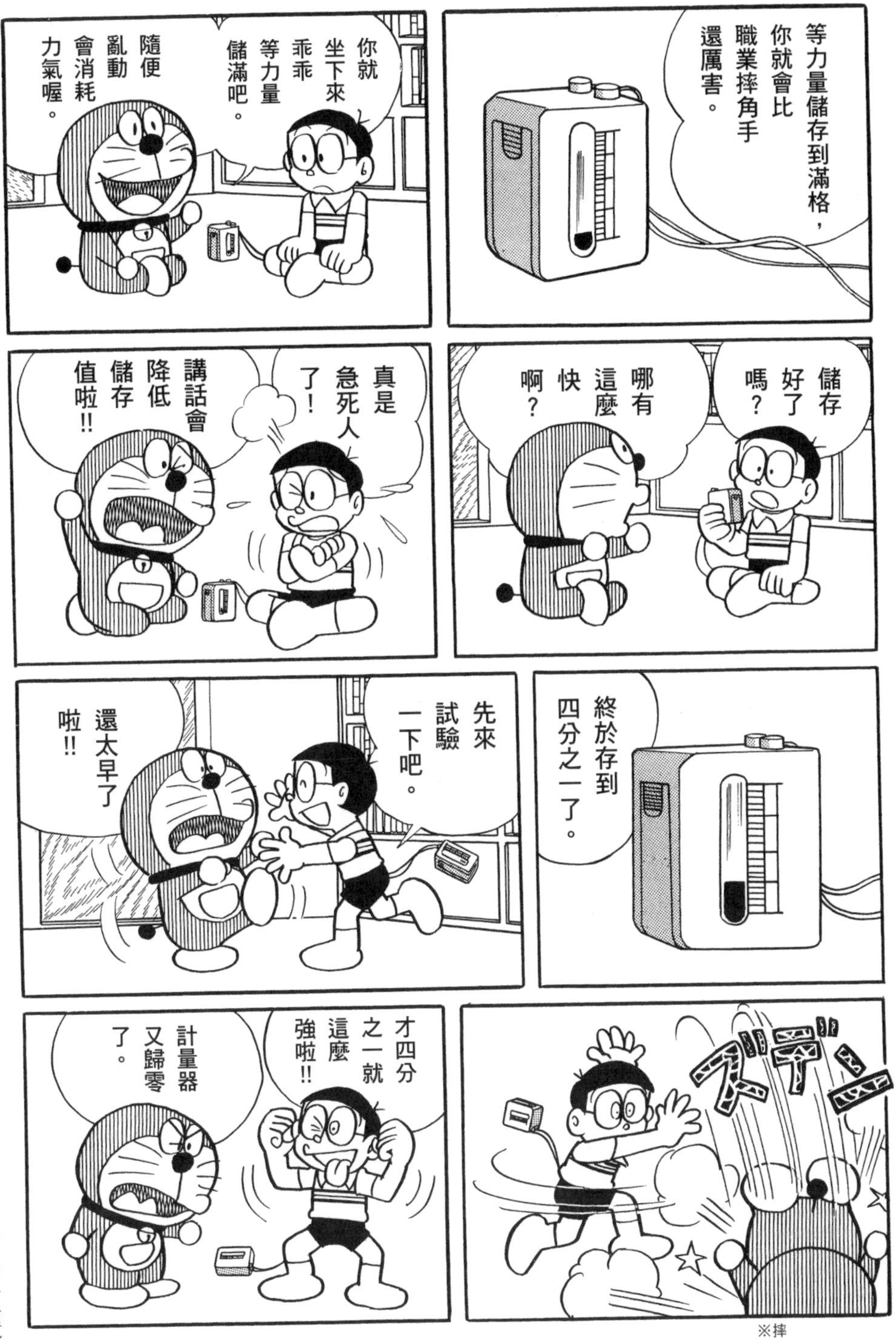
等力量儲存到滿格，你就會比職業摔角手還厲害。
你就坐下來乖乖等力量儲滿吧。
隨便亂動會消耗力氣喔。
儲存好了嗎？
哪有這麼快啊？
真是急死人了！
講話會降低儲存值啦!!
終於存到四分之一了。
先來試驗一下吧。
還太早了啦!!
才四分之一就這麼強啦!!
計量器又歸零了。

※摔

A ②隕石中的鐵。從古人遺留的物品中，鐵的比率和結晶結構來看，人類最早使用的鐵應該是「隕鐵」（這是隕石的一種）。

只要讓大家見識我的力量，就沒人敢取笑我了。
挑戰書
該死的胖虎，你每次都吹噓沒人比你厲害，這次就來看看誰比較強吧？
大雄
你怎麼馬上做這種無聊的事情啊……？
別管了，幫我送去吧。
我先儲存力量。
※震驚
カーッ
可惡的大雄!!
那不是我寫的喔。
我就如他所願！
叫他來空地等我!!
終於存到一半了。
對付胖虎這樣就夠了吧。
大雄!!

生活化學驚奇箱Q&A

Q 與乾電池相反的「溼電池」真實存在，這是真的嗎？

媽媽有事要出去，
你把這些收乾淨。
咦—？
我好不容易儲存的力氣……
竟然用在這種地方……
計量器果然又歸零了。
我把信送過去了。
我又得重新儲存力氣了。
大雄，收拾好的話再來幫我……
不躲起來沒辦法儲存力氣。
我本來想拜託他買東西的，
他跑到哪裡去了？

A 真的。將產生電力的物質溶於液體的電池稱為「溼電池」。

大雄根本沒來嘛。
大概是怕得不敢來了吧。
我去帶他過來。
請問大雄在家嗎?
他不在耶。
小夫來找你了。
力氣只存了一半左右。
也差不多該赴約了。
門被鎖死了!!
大雄逃跑了~
果然是個膽小鬼。
什麼!!
※砰
力氣又用光了。
明明有「穿透環」能用啊。

你還要重新儲存啊？
胖虎叫我們去找大雄。
主動找人挑戰卻逃跑，太狡猾了啦。
你叫胖虎再等我一下。
不，我不等了，叫他立刻過來!!

※引擎聲

生活化學驚奇箱Q&A

Q 因為發生了什麼樣的失誤，意外發明出矽藻土炸藥？①不小心結凍 ②不小心掉在地上

A ②不小心掉在地上。發明者不小心將硝化甘油灑在地上，凝固後發明出矽藻土炸藥。

儲備電力帶著走

我們的日常生活高度仰賴電力，包括點亮屋內的電燈、看電視、為遊戲機充電等。人類是如何製造電力、儲存電力，並攜帶電力的呢？

什麼是電池？

在我們的日常生活中，有許多必要的電器用品，沒電就無法運作。攜帶式電子用品幾乎都使用電池，各位知道電池是什麼嗎？

電池是利用化學反應製造電力並直接供電的裝置。電力就是電子的流動（參見二十四頁），只要讓原子中的電子流動，就能產生電力。簡單來說，為了讓電池發揮作用，必須建構讓電子流動的系統，也就是取出電子的負極（－）↓儲存電子移動的導線↓接收電子的正極（＋）。

在思考釋出與接收電子的物質時，絕對不能錯過離子。請各位回想第二十五頁，關於離子的解說內容。

對離子有基本概念之後，接著先來了解電池的原型，也就是伏打電堆。伏打電堆是在鋅盤和銅盤中倒入稀釋硫酸，再用導線連接兩個金屬盤。硫酸在水中解離成氫離子和硫酸根離子，形成電子可以移動的環境。這類在水中解離成陽離子和陰離子的物質稱為**電解質**，電解質溶於水就是**電解液**。

金屬的特性是可以釋出電子，形成陽離子。而各種金屬形成陽離子的難易度皆不同，稱為**離子化傾**

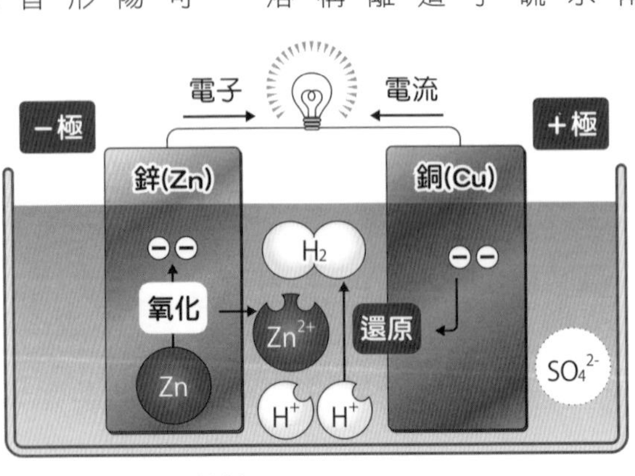

▲伏打電堆的作用機制

向。離子化傾向越大的金屬，越容易形成陽離子。銅與鋅相比，鋅較容易形成陽離子。簡單來說，鋅會持續溶解於稀釋硫酸中，釋出電子，並將電子儲存於鋅盤。這就是電池的負極。

另一方面，銅的離子化傾向較小，無法溶於稀釋硫酸中。氫離子H^+會奪走銅盤內的自由電子（參見三十七頁），形成穩定的氫分子H_2，因此銅盤帶正電。這就是電池的正極。

利用導線（電子的通道）連接鋅盤與銅盤，儲存在鋅盤的電子就會經由導線，往帶正電的銅盤前進，這就是電力流動（電流）的真實狀況。

現在各位應該很清楚電流其實是電子，而且「電流從正極流往負極」。這個既定原則不會改變，電子的動向與電流方向正好相反。

電池就是利用電子動向製成的商品，也是氧化還原反應（參見四十一頁）的代表範例。電池的負極應用帶走電子的氧化反應，正極則活用與電子結合的還原反應。事實上，氧化還原反應是工業界很重要的反應。

氧化還原反應可以用來製造純金屬。金屬很容易與空氣中的氧氣結合，進而導致鏽蝕等現象。由於這個緣故，存在於自然環境中的金屬幾乎都是氧化狀態。人類必須利用還原反應才能獲得純金屬。

製鐵時只要將容易與氧氣結合的一氧化碳和鐵礦石一起加熱，就能獲得純鐵。將鋁和銅溶解成液態再通電，也能獲得純鋁和純銅。

鐵……$Fe_2O_3+3CO \rightarrow 2Fe+3CO_2$

鋁……$Al^{3+}+3e^- \rightarrow Al$

銅……$Cu^{2+}+2e^- \rightarrow Cu$

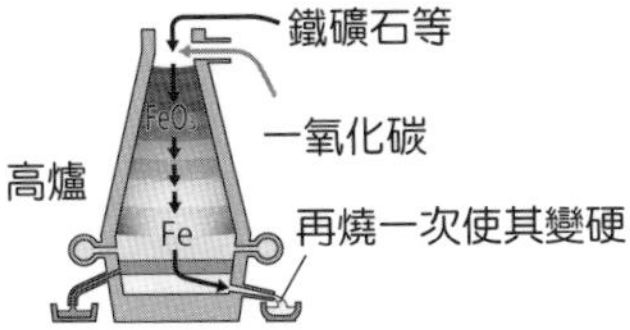

▲以氧化還原反應製造的金屬

乾電池與電池組

乾電池是最常見的電池，屬於電用完後就不能重複使用的**一次電池**。和前方解說過的伏打電堆一樣，乾電池也是由正極、負極和電解質組成。生活中常見的乾電池究竟是什麼樣的結構呢？

碳鋅電池和鹼性電池是最普遍的乾電池，這兩種電池的正極使用二氧化錳，負極使用鋅，由二氧化錳接收鋅釋

出的電子。不過，碳鋅電池的電解質使用的是氯化鋅溶液，鹼性電池使用的是強鹼性氫氧化鉀溶液。

兩種電池的差異在於一次可釋出的電流量。碳鋅電池將正極的二氧化錳與電解液混合成塊，每次可釋出的電流量較少，但使用壽命較長。由於這個緣故，長期使用的遙控器和手錶都用碳鋅電池。

鹼性電池將正極、電解液和負極完全分開，不僅可釋出大電流，還能連續使用。因此，遊戲機、遙控模型、燈具等皆使用鹼性電池。

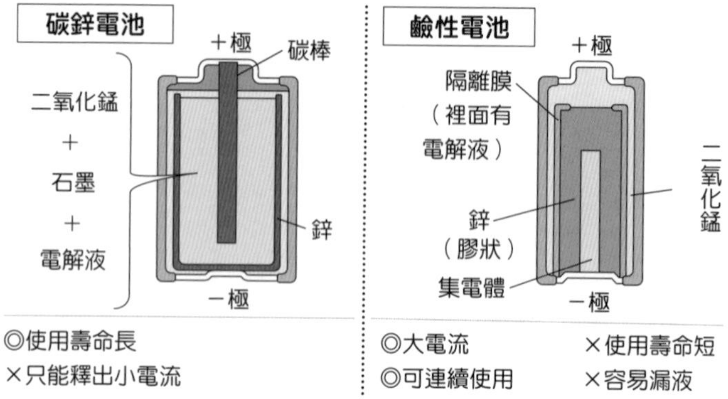

碳鋅電池
＋極
碳棒
二氧化錳
＋
石墨
＋
電解液
鋅
－極
◎使用壽命長
×只能釋出小電流
鹼性電池
＋極
隔離膜
（裡面有
電解液）
二氧化錳
鋅
（膠狀）
集電體
－極
◎大電流
◎可連續使用
×使用壽命短
×容易漏液

▲乾電池的構造

值得注意的是，鹼性電池的電解液是液態，若電解液不慎滲出不只會使機器受損，還會影響身體健康，使用時要特別小心。

有別於只能用一次的乾電池，只要充電就能再利用的電池稱為**充電電池**。最具代表性的是智慧型手機和電腦使用的**鋰電池**。一九九一年，日本成功開發出實用化鋰電池。正極使用氧化鈷鋰，負極使用石墨，電解質則使用有機電解液。

充電時是從正極的氧化鈷鋰抽出鋰離子，在電解液中朝負極移動，進入石墨裡。氧化鈷鋰拿掉鋰離子 Li^+ 後，形成氧化鈷。另一方面，負極的石墨接收從正極通過電解液過來的鋰離子後，儲存為鋰金屬。

另一方面，放電時儲存在負極石墨的鋰金屬變成 Li^+，溶入

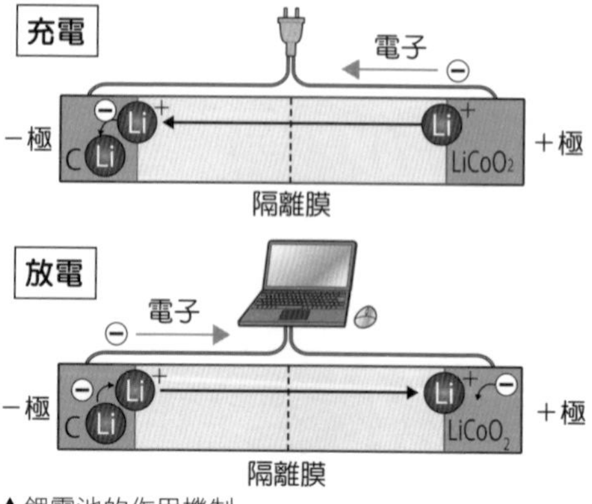

充電
電子
－極
C
Li
＋極
LiCoO2
隔離膜
放電
電子
－極
C
Li
＋極
LiCoO2
隔離膜

▲鋰電池的作用機制

電解液中。Li^+在電解液中朝正極移動，恢復成原有的氧化鈷鋰。殘留在石墨的電子通過導線往正極移動，形成電流。如今大型化鋰電池已成為油電混合車與電動車的動力來源。

小知識

乾電池可以充電？

這個世界確實存在著可為乾電池充電的機器。現在也已經開發出可以充電的鎳氫電池，但若為用完的乾電池充電，可能會導致電解液外漏，或產生氫氣引起爆炸。為用完的乾電池充電是一件很危險的事情，請各位千萬不要這麼做。

燃料電池拯救世界？

各位聽過燃料電池嗎？

大家都知道當電在水中流動，就會分解成氧與氫。於是有人突發奇想，如果可以利用逆反應製造水，是否也能產生電力？基於這個想法，成功開發出燃料電池。

燃料電池的負極為氫、正極為氧（空氣），中間隔著堅硬的電解質膜。氫分子在負極分解成氫離子與電子，電子透過導線、氫離子透過電解質，雙雙往正極移動。正極的氧氣接收透過導線過來的電子，並與透過電解質過來的氫離子結合，形成水。這麼做就可以從氧和氫汲取電力，同時製造水與熱。所以，只要補充原料，也就是氫和氧，就能隨時使用，不會產生有害物質，是很乾淨的環保能源。

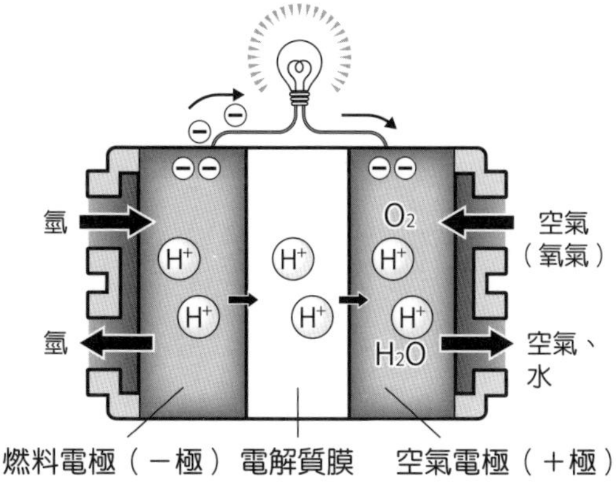
氫
氫
空氣（氧氣）
空氣、水
O2
H2O
H+
燃料電極（－極）
電解質膜
空氣電極（＋極）
▲燃料電池

然而，燃料電池最大的問題是製造成本過高與加氫站設置點不足，必須解決這些問題才行。目前已經有氫燃料電池車問世，但要普及還有很長的路要走。

利用化學力量製造能源

雖然電池讓電力成為可攜式能源，但用量有限。各位知道用量較大的電力來源和可充電的電力，究竟是怎麼來的嗎？

利用發電方式製造電力

將能源轉變成電力的方法稱為**發電**，除了利用水和風力等能源之外，日本人日常生活中的電力來源，以利用燃燒的**火力發電**，和透過化學物質，將陽光轉換成電流的**太陽能發電**占大宗。這些發電方式都借助了化學的力量。

火力發電
風力發電
太陽能發電
水力發電
核能發電
地熱發電

▲各種發電方法

火力發電　燃燒化石燃料製造電力

日本最常用的發電方式，就是利用燃燒製造電力的**火力發電**。

火力發電的作用機制如下：燃燒石油、天然氣或煤炭來加熱水，等溫度上升至攝氏一百度，水就會蒸發為水蒸氣。接著利用水蒸氣的力量轉動渦輪發電機，即可發電。

▼火力發電

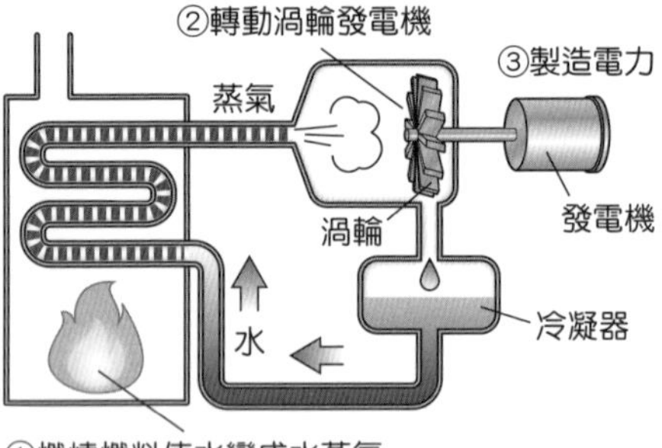

②轉動渦輪發電機
③製造電力
蒸氣
發電機
渦輪
冷凝器
水
①燃燒燃料使水變成水蒸氣

火力發電使用的化學能源，是透過**燃燒**這個化學反應產生的。燃燒是與氧氣結合的一種氧化反應，可產生光與熱等大量能源。石油和煤炭是製造能源的化石燃料，也是混合多種含碳和含氫物質的混合物，只要燃燒就能與氧氣結合，變成水與二氧化碳。人類就是利用此時產生的大量能源，進行火力發電。

由於火力發電的過程中需要大量的水，不只是產生水蒸氣需要水，燃燒也會產生水，因此火力發電廠通常蓋在海邊附近。

雖然火力發電可以產生大量電力，但石油與煤炭等燃料資源很快就會用完。不僅如此，燃燒產生的二氧化碳是大家熟知的溫室效應氣體，會造成地球暖化，讓大家重新思考發電方法。

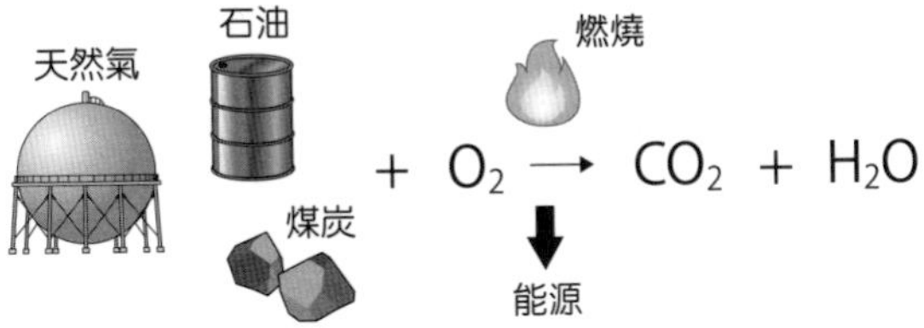
天然氣
石油
煤炭
燃燒
+ O_2 → CO_2 + H_2O
能源
▲燃燒化石燃料製造能源

陽光帶來的能量是太陽給我們的禮物

火力發電雖然是效率很高的發電方法，但其最大的問題是危害環境，燃料有一天也會用完。為了解決這些問題，人類開始注意到存在於自然界的陽光與風等**再生能源**，利用再生能源發電。

近幾年由於**半導體**蓬勃發展，使得**太陽能發電**在這幾年的發電量越來越高。相較於隨時通電的鐵和鋁等**導體**，矽與鍺等半導體可以通電，也可以不通電。

▼太陽能板

太陽能發電是將缺少電子的**p型**半導體（電洞型半導體）與電子太多的**n型**半導體（電子型半導體）疊在一起使用，當陽光照射到半導體的交界處，就能在半導體形成電子與電洞。p型半導體可吸引電洞，形成正極；n型半導體可吸引電子，形成負極。在此狀態下，p型半導體與n型半導體透過導線連結在一起，電子就可移動，形成電流。以這個方式創造電流後，光能源就可以轉換成電力能源了。

▼太陽能發電機制
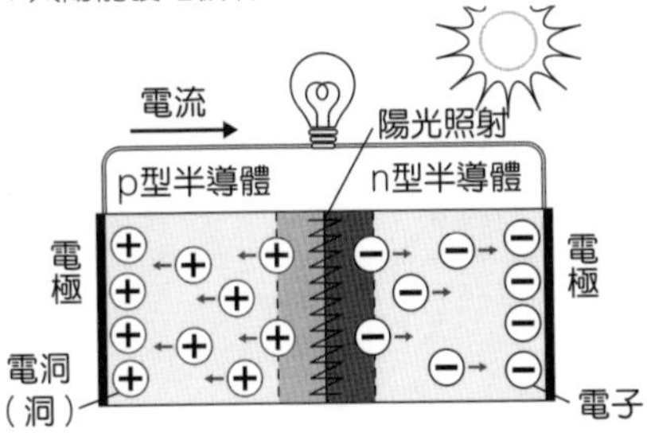
電流
陽光照射
p型半導體
n型半導體
電極
電極
電洞（洞）
電子

煙火花
小孩子不能玩火柴。

這樣就不能放煙火了啊。
那來撒「煙火花」種子吧。
※砰、砰、咻
ぱっ
ぱっ
しゅう
長出煙火了。

春風扇

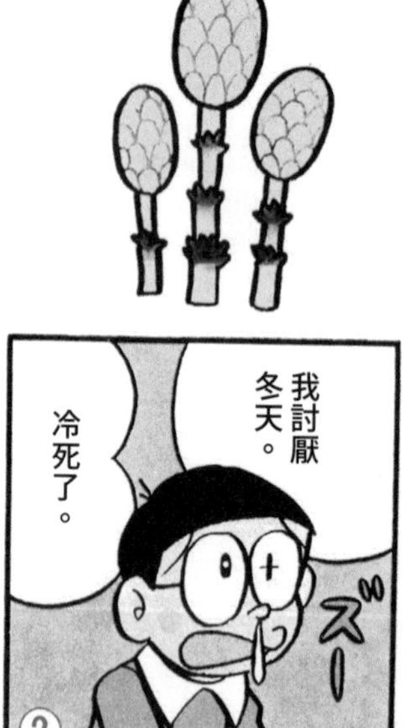

※流～

給你一樣好東西。
你把這個放在耳邊。
然後這個貼住地面……
有聽到什麼聲音嗎？
腳步聲慢慢接近了。
雖然還離很遠，不過是很巨大的東西。
好可怕。
那是春天的腳步聲啦。
什麼嘛……？
既然還離很遠，
那什麼時候才會來啊？

讓你稍微體驗一下……
「春風扇」。
※啪嗒啪嗒
哇啊~
好溫暖喔。
啊！
是馬尾草。
青草也長出嫩芽了。
春天快來、春天快來。
不要玩得太過火喔。
可是……
在這種小庭院玩好無聊。

生活化學驚奇箱Q&A

Q 用擦擦筆寫的字消失之後，怎麼做才能讓字恢復原狀？①將紙張冰起來 ②用強光照射

把寬廣的草原全部變成春天的景色吧。
就選這裡。
春風來囉。
※窸窣
むくむく
是什麼啊？
呱呱。
從冬眠中醒過來了呢。

將寫著消失文字的紙放入攝氏10度以下的冷凍庫冰起來，文字就能逐漸顯現，冰至攝氏-20可以恢復原狀。

Q 以前的火藥是用尿製造出來的。這是真的嗎？

蒲公英開了……
蝴蝶也出現了。
草原的春天來了。
咦？真的嗎？
好好玩的扇子。
大家輪流搧扇子吧。

……的，將人跟動物的尿液混合稻草或草，放一段時間後，土裡的微生物就會製造出火藥的原料物質。

你玩得太過火了。
快點想想辦法啦。
用「回到原點骰子」吧。
這個骰子可以讓東西變回原樣。
花朵、青蛙、蝴蝶，
全都恢復原樣了。
等眞正的春天再相見吧。
春天就快到了。

季節和節日活動也充滿化學現象

我們每年度過的四季、滿心期待的節慶活動，也充滿了化學現象。這些化學現象究竟藏在哪裡呢？一起來看看吧！

興奮期待！春天展開新學期

每年春天是新學期的開始，學生們展開新生活！大家都很期待新學期，到時候會和誰同班？又會上什麼樣的課呢？

開學前，各位還要備齊上課時要用的筆和膠水等文具。大家用的文具也含有各式各樣的化學現象。舉例來說，我們會用黏膠將重要資料貼在筆記本上。黏著劑的黏著機制，也能從化學角度說明，還要看水性筆、油性筆和擦擦筆之間的差異！

▲文具裡的化學

炎熱又歡樂的夏季

新學期開始沒幾個月，就進入炎熱的夏季。大家想在暑假時做什麼呢？姑且不論暑假作業，但夏天特有的活動與慶典絕對不能錯過，游泳戲水、各地的煙火大會就是最具代表性的例子。

▼煙火與化學有著密不可分的關係

在夜空綻放的煙火真的很漂亮，利用焰色反應讓燃燒的煙火呈現五彩繽紛的鮮豔色調。不只焰色反應是化學現象，讓煙火綻放的火藥也是化學物質。

另外，夏季時的日照很強。去戶外玩回來之後，各位是否曾有肌膚晒紅或晒黑的經驗？尤其是海邊和游泳池的日照特別強烈，因此去游泳或戲水時通常會塗抹避免烈日晒傷肌膚的防晒乳。待會也會向大家介紹防晒乳的化學作用。

秋季要享受當季食材和大自然的顏色變化

炎熱的夏季結束後，秋天就來了。秋季氣候宜人，大多數學校活動都選在這個季節舉行，例如校慶、運動會、校外教學（遠足）等。日本有一句話說「食慾之秋」，代表秋季有許多美味的當令食材，包括番薯、牛蒡、蓮藕等根莖類，鮭魚、鯖魚、秋刀魚等魚類，以及香菇、松茸等菇類。

▲食慾之秋

烤當令的番薯，吃起來蓬鬆甘甜又好吃。番薯甘甜的祕密，在於澱粉和酵素的化學反應。稍後也要看一下讓松茸散發獨特味道的成分。

此外，秋季也是美麗的賞楓季節。夏天還是綠色的楓葉，到了秋季變成黃色與紅色，還有許多枯葉飄落。

▼葉子顏色如何變化？
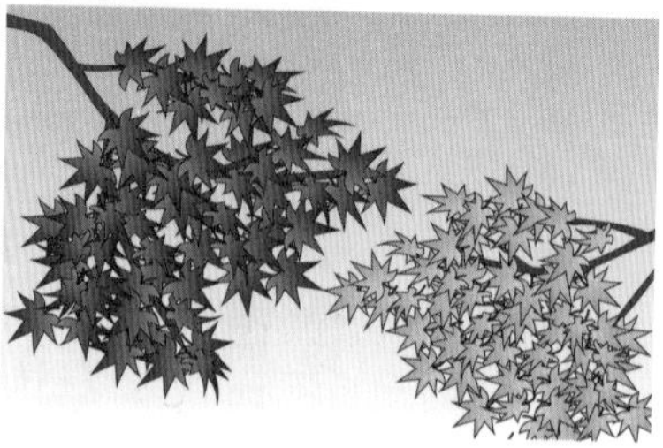

樹葉變色的機制也能從化學角度說明。讓花朵呈現美麗色調的化學物質也是注目焦點。

冬季要好好利用嚴寒氣候和美麗白雪

冬天一到，氣候就變得嚴寒。冬天還有聖誕節、過年等慶典，相信有很多人都喜歡冬季。

各位過年時都在做什麼呢？日本人在除夕夜習慣吃過年蕎麥麵，還會倒數計時。元旦當天還會去神社初詣參拜，在家吃年節料理。為了延長保存期限，每道年菜都下了不少工夫。利用醋醃、鹽漬等化學性防腐技術製作年菜，在想要好好休息的過年期間可以隨時吃到美味料理。

▼年節料理

若是積雪還能夠出去玩雪，這是日本冬季的好處。不過，在大量降雪的地區，下雪也會嚴重影響正常生活。由於這個緣故，融雪作業顯得更為重要。融雪時會用到放熱反應、凝固點降低（使液體難以結凍）等化學現象，其作用機制也會詳細說明。

▲雪與化學

新學期與文具盒──裡面到底放了什麼？

春季是新學期的開始。書包裡放著新學期的教科書、文具盒與鉛筆盒，事實上，學校使用的文具也藏有滿滿的化學反應。

黏著化學

首先要看的是將紙黏在一起的「黏著劑」，黏著劑的種類很多，包括膠水、口紅膠、膠帶等。黏著劑的基本物質是澱粉，讓我們一起來解密。

澱粉是由許多葡萄糖連接而成，是一種長鏈狀物質，也是米、烏龍麵的主成分。

▼黏著劑的成分

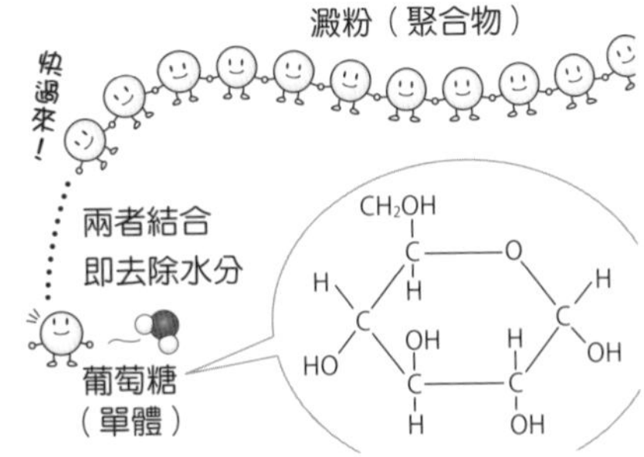
澱粉（聚合物）
快過來！
兩者結合
即去除水分
葡萄糖
（單體）
CH_2OH
O
H
OH
HO

大家吃飯時，是否也曾經將飯粒不小心掉在衣服或桌上，自己卻沒發現，後來才看到變硬的飯粒？流失水分就會變硬，這是澱粉的性質。將含有澱粉的糨糊抹在紙上，接著重疊在另一張紙上。此時，澱粉滲入兩張紙之間，使紙張表面凹凸不平，等水分蒸發後，澱粉就會變硬變乾，將兩張紙黏在一起。以上就是糨糊的黏著機制。順帶一提，不只是澱粉，聚乙烯醇的作用也和澱粉相同，因此以聚乙烯醇等合成樹脂為主成分的黏著劑，其黏著原理也是一樣的。

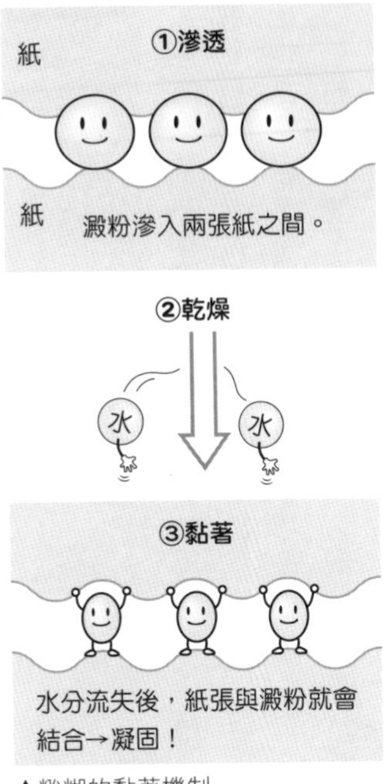
①滲透
紙
紙
澱粉滲入兩張紙之間。
②乾燥
水
水
③黏著
水分流失後，紙張與澱粉就會結合→凝固！

▲糨糊的黏著機制

將水倒入底部沾著飯粒的碗靜置一會兒，飯粒就會恢復原本的黏著感。郵票就是利用這個機制製成。各位買到的郵票都是一小張乾紙，只要在郵票背面沾水就會變黏，可以直接黏在信封上。

同樣是事先加上黏著劑的用品還有便利貼，便利貼可以重複使用。便利貼使用的黏著劑是圓形的，以等距離配置在便利貼背面。此圓形黏著劑只要按壓就會被壓扁，增加與紙張的接觸面積，以黏在其他紙上。撕開便利貼後，黏著劑再次恢復圓形，接觸面積變小。這就是便利貼可以重複使用，而且易黏易撕的原因。

▼便利貼膠水的祕密是圓形

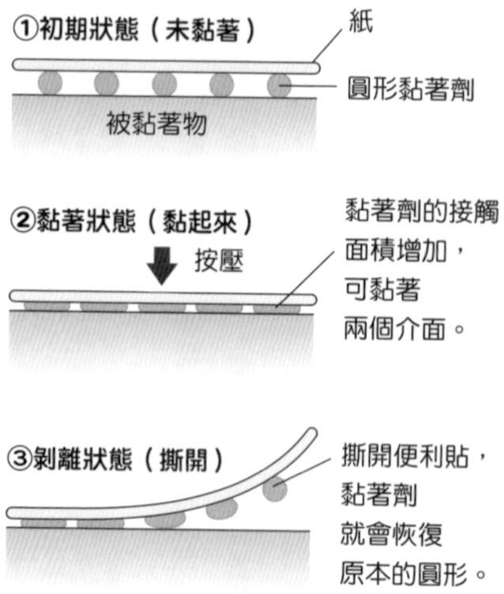
①初期狀態（未黏著）
紙
圓形黏著劑
被黏著物
②黏著狀態（黏起來）
按壓
黏著劑的接觸面積增加，可黏著兩個介面。
③剝離狀態（撕開）
撕開便利貼，黏著劑就會恢復原本的圓形。

鉛筆的化學

鉛筆是我們學習時一定要用的筆記用具之一。剛開始要花時間學習拿鉛筆的姿勢，但習慣後就會發現，鉛筆真的很好用。鉛筆是用木頭包覆黑色筆芯製成的。

鉛筆芯主要由黏土和石墨製成，石墨其實是碳（參見二十二頁）。如左圖所示，許多碳原子組成六角形結構，層層疊起。當我們用鉛筆寫字，石墨與紙張摩擦，石墨層由下層開始依序剝落，附著於紙上，寫過字的地方呈現黑色。

用來表示鉛筆顏色濃淡的分類很多，包括HB、2B等，差異來自於筆芯中黏土與石墨的含量比例。當含有石墨的比例越高，寫出來的字就越深，筆芯也越軟；含有石墨的比例越低，寫出來的字就越淡，筆芯則越硬。各位購買鉛筆時，一定要選擇濃淡和軟硬都適合自己的產品。

▼鉛筆可以寫字的原因在於石墨的層狀結構

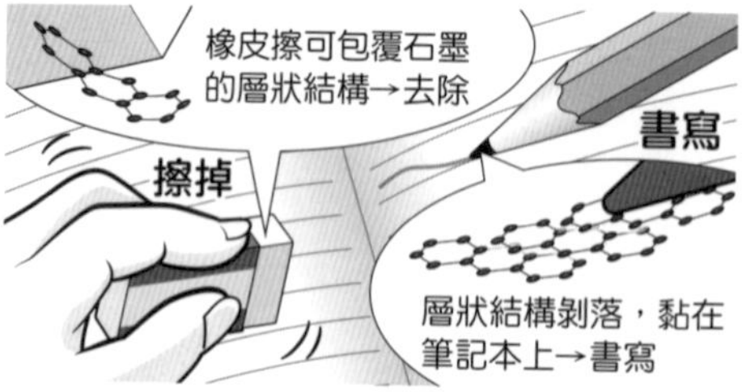
橡皮擦可包覆石墨的層狀結構→去除
擦掉
書寫
層狀結構剝落，黏在筆記本上→書寫

墨水的化學

鉛筆畫出來的線可以用橡皮擦擦掉，但原子筆呢？直到幾年前，原子筆畫的線只能用修正液消除，但現在有一種原子筆（擦擦筆）顛覆既有常識，用這種筆寫的字可以擦掉。

用擦擦筆寫的字之所以可以擦掉，祕訣在於「摩擦熱」。摩擦力指的是作用於兩個物體之間，使物體難以移動的力；摩擦熱則是兩個物體互相摩擦後產生的熱。在寒冷的天氣中摩擦雙手，會讓雙手溫暖，這就是摩擦熱產生的熱氣所致。

擦擦筆使用一種特殊墨水，當溫度高於攝氏六十度，分子的結合方式就會改變，讓字變成透明。只要使用專用橡皮擦在字上摩擦，產生摩擦熱，提高溫度，改變墨水分子的結合方式，就能夠讓顏色消失（字看起來不見了）。

更有趣的是，只要讓溫度下降至攝氏負十度到二十度之間，一度褪色的墨水就會再度顯現出顏色。換句話說，用擦擦筆在紙上寫字，再以專用橡皮擦使文字消失後，將紙放入塑膠袋裡再冷凍起來，就能讓文字再次顯現出來。各位不妨試試看。

▼當分子的結合方式改變，擦擦筆寫的字就會變色

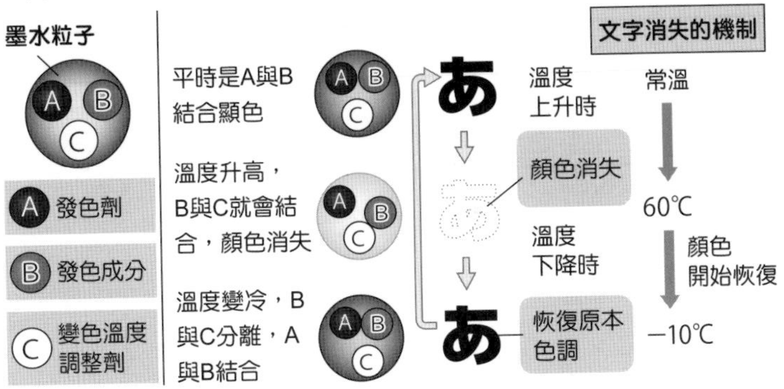
墨水粒子
A 發色劑
B 發色成分
C 變色溫度調整劑
平時是A與B結合顯色
溫度升高，B與C就會結合，顏色消失
溫度變冷，B與C分離，A與B結合
文字消失的機制
あ
溫度上升時
顏色消失
溫度下降時
恢復原本色調
常溫
60℃
顏色開始恢復
−10℃

另一方面，原子筆和麥克筆有水性與油性兩種。墨水成分主要為水的是水性，主要為油的是油性。油性筆含有定著劑，可以在硬塑膠或軟的乙烯基塑膠袋上寫字。由於使用的染料（參見五十七頁）會滲透至物質深處，因此油性筆寫的字很難擦除。

墨水使用的色素有染料和顏料兩種（參見五十七頁）。染料可以混合多種顏色，染出來的顏色很鮮豔；顏料易乾，顏色鮮明又持久，可依不同用途使用。

夏天！祭典！煙火！

提到夏季最具代表性的景物，煙火絕對是第一名！怎麼做才能讓煙火呈現出五彩繽紛的顏色呢？

獲得能量以顯現顏色？

金屬是煙火能夠五彩繽紛的原因。金屬指的是容易通電與導熱，帶有光澤的物質，包括金、銀、銅、鐵，以及鈉、鋰，和我們骨骼中的鈣都是金屬。這些金屬只要燃燒，就會釋放出各種不同顏色的光，這個反應稱為**焰色反應**（參見刊頭彩頁）。

〈焰色反應〉

元素	顏色
銦	深藍色
鉀	紫紅色
鈣	磚紅色
鍶	深紅色
銫	藍紫色

元素	顏色
銅	藍綠色
鈉	金黃色
鋇	黃綠色
鋰	深紅色
銣	深紅色

▼焰色反應是電子搬家時產生的能量

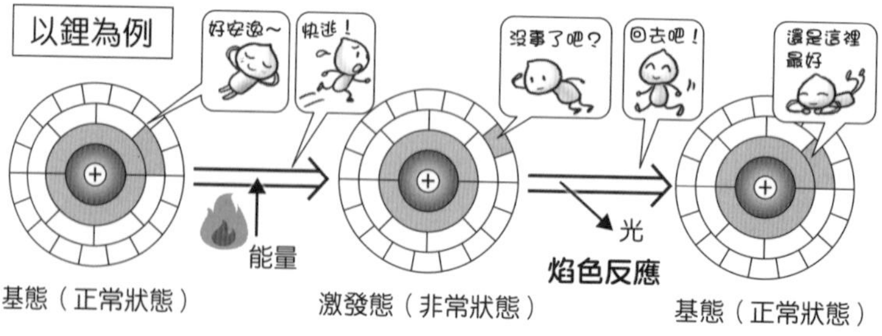
以鋰為例
好安逸~
快逃！
沒事了吧？
回去吧！
還是這裡最好
能量
光
焰色反應
基態（正常狀態）
激發態（非常狀態）
基態（正常狀態）

大家一起來思考引起焰色反應的原因。首先，金屬和其他元素相同，原子核四周圍繞著電子。燃燒金屬原子，原子中的電子就能獲得能量，接著電子移動至外側的電子層（激發態）。不過，這個狀態很不穩定，電子很快就會回到原有的地方（基態）。此時釋放的能量變成眼睛看得見的光。不同種類的金屬，其電子回歸的位置皆不同，才會顯現出不同顏色。

燃燒可使金屬電子獲得能量，當電子從外面回歸原位會釋放有顏色的光線，這就是焰色反應。

火藥與焰火的構造

了解焰色反應的原理，就能理解煙火如何在空中綻放繽紛色調。一起來看煙火彈的內部構造，了解焰火變化出各種形狀的祕密。點燃裝在發射筒底部的火藥，就能將煙火彈打至高空，綻放出漂亮的煙火。煙火彈是靠煙火專家的技術精心製作的，將煙火彈剖開後，可以看見其中大致分成「光珠」和「割藥」兩個部分。

割藥是讓煙火綻放時更具震撼性的火藥，它能點燃煙火裡的光珠，使其炸開。另一方面，光珠也是為煙火上色的火藥，混合了各式各樣的金屬粉。舉例來說，若光珠含有大量的銅粉，可綻放綠色煙火；若含有鋰，煙火就會綻放紅色光芒。

總結來說，煙火彈含有炸開的火藥與上色用的金屬粉。各位下次欣賞煙火時，不妨猜一下使用了哪些金屬！

▼煙火彈的內部構造十分精密

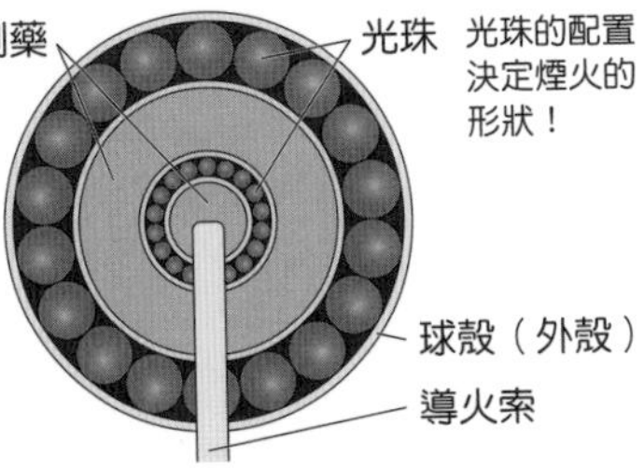
割藥
光珠
光珠的配置決定煙火的形狀！
球殼（外殼）
導火索

防晒乳和紫外線

夏天就是要去海邊或泳池戲水，但每次從海邊或泳池回家，肌膚就會晒得又紅又痛，而且幾天後就發現自己的膚色變黑了，相信各位都有過這樣的經驗。其實這是肌膚被太陽晒黑的結果。各位知道肌膚為什麼會被太陽晒黑嗎？

肌膚晒黑的最大原因是陽光中的紫外線，參考下圖即可得知，陽光是由多種光線聚合而成。

紫外線在光線中屬於人類眼睛看不見的光。不過，比起眼睛看得見的光（可見光），紫外線的能量很強，可以改變物質。

當紫外線照射到肌膚，

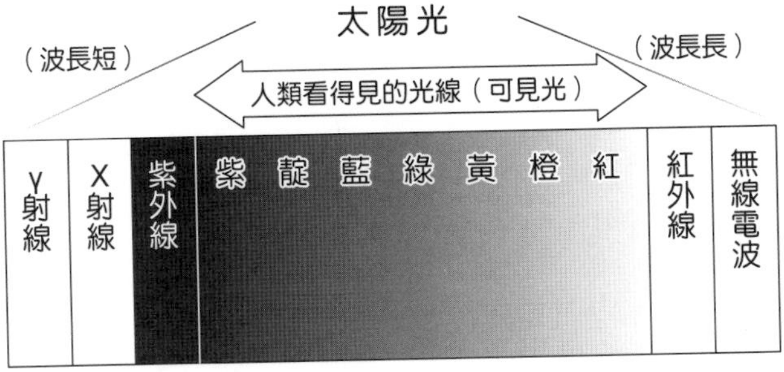
太陽光
（波長短）
（波長長）
人類看得見的光線（可見光）
γ射線
X射線
紫外線
紫 靛 藍 綠 黃 橙 紅
紅外線
無線電波

▲光的種類與紫外線

▼日晒與黑色素

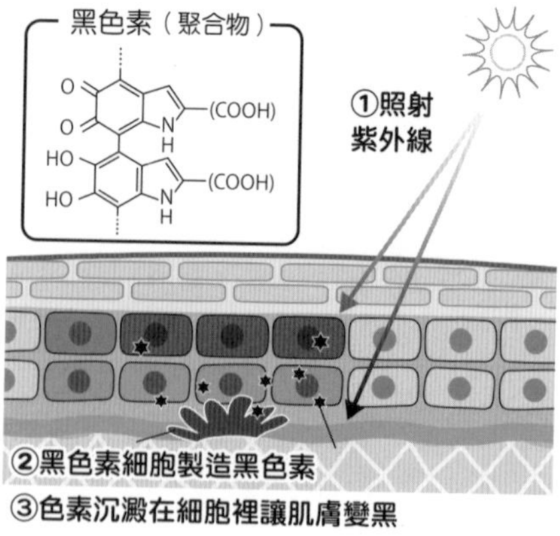
黑色素（聚合物）
(COOH)
(COOH)
①照射紫外線
②黑色素細胞製造黑色素
③色素沉澱在細胞裡讓肌膚變黑

肌膚深處的黑色素細胞就會製造麥拉寧分子，也就是俗稱的黑色素。黑色素是讓頭髮和瞳孔呈現黑色的分子，可避免紫外線傷害身體。當肌膚被太陽照射後產生黑色素，就會使膚色變深。

「防晒乳」有助於預防晒傷。在肌膚塗抹防晒乳，其中添加的物質可在肌膚表面吸收或反射紫外線，不讓紫外線接觸肌膚。

防止晒傷的物質大致分成兩種，一種是紫外線吸收劑，另一種是物理性防晒劑。

添加紫外線吸收劑的防晒乳是由分子吸收紫外線的能量，將其轉換成熱。這項化學反應的性質和焰色反應原理近似。簡單來說，紫外線讓分子進入激發態，接著在回到基態時釋放能量（參見一八二頁）。此時釋放的能量不是光，而是熱。

另一方面，物理性防晒劑與剛剛介紹的紫外線吸收劑不同，是由氧化鋅和二氧化鈦等金屬氧化物，將紫外線散射、反射出去，不讓紫外線接觸肌膚。

這兩種防晒乳都能避免紫外線接觸肌膚，請各位選擇適合自己肌膚的產品。

一般人常在夏天去海邊或游泳池玩，水面也會反射紫外線，各位去戲水或游泳時一定要特別做好防晒對策。

▼防晒乳的作用機制

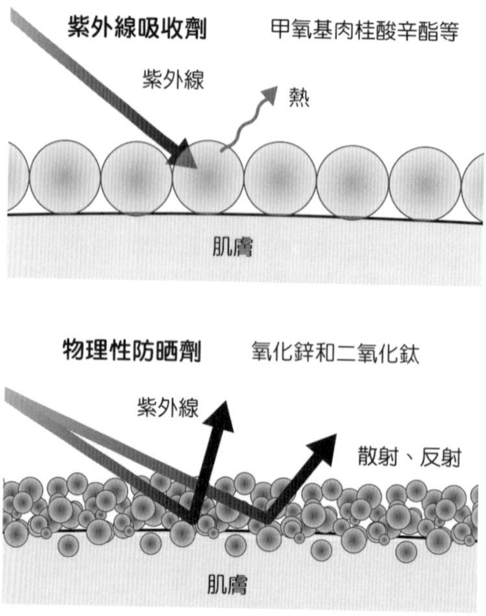
紫外線吸收劑
甲氧基肉桂酸辛酯等
紫外線
熱
肌膚
物理性防晒劑
氧化鋅和二氧化鈦
紫外線
散射、反射
肌膚

食慾之秋和賞楓

秋天是一個越來越涼爽，還能享受美食的季節。從秋天的當季食材中，可以看到許多化學現象。此外，這一節也會詳細解說花朵顏色與楓葉喔！

化學讓秋季美食更美味

秋季有許多的當季食材，不只是番薯、南瓜等蔬菜，香菇、松茸等蕈菇類，還有梨子、柿子等水果、秋刀魚等魚類。這些都是大家很熟悉的秋季美食，事實上，化學也是享受美食不可或缺的一環。

首先來看大家都愛吃的番薯。大家知道怎麼調理才能讓番薯更好吃嗎？番薯富含澱粉，澱粉是醣類集合體（參見一七九頁），只要充分引出醣類甜味，番薯就會變得更好吃！

▲秋季的食物特別好吃

澱粉加水加熱後就會變軟，此過程是澱粉的**糊化**現象。澱粉糊化後，番薯含有的澱粉酶更容易作用。澱粉酶可以切斷澱粉中醣類的長鏈，從鏈中取出醣。此作用可使澱粉糊化後變得更甜。

澱粉酶最能發揮作用的溫度是攝氏六十五到七十度，超過此溫度，澱粉酶就不會作用。因此，只要在攝氏六十五到七十度之間慢慢

會變更甜喔！
澱粉酶
切斷澱粉酶的連結
↓
各自獨立會更甜！
澱粉

▲澱粉酶的作用

加熱，番薯口感就會變得又鬆又甜。

這就是將番薯埋在燒熱的石頭中悶熟的「烤番薯」，比直接放在火上烤還好吃的原因。

松茸也是十分具有代表性的秋季美食。日本有句俗話說「松茸氣香，玉蕈味美」。由此可知，松茸具有香氣，其香氣來源正是松茸醇。

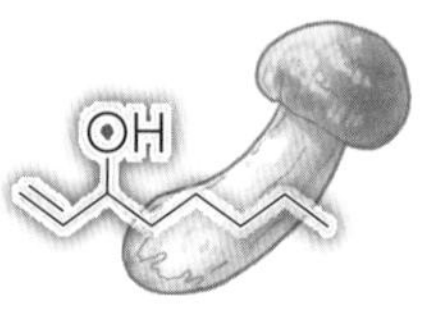

OH

▲松茸醇

順帶一提，松茸在日本屬於高級食材，但其他國家的人並不見得喜歡松茸的味道，他們認為那聞起來像是穿了一天的襪子。為什麼日本人喜歡松茸的香氣呢？那是因為醬油、味噌等黃豆的發酵食品也含有松茸醇。或許這就是習慣上述食物的大多數日本人，喜歡松茸香氣的原因。

黃色與紅色楓葉是色素彼此競爭的結果

每到秋天，樹葉就會變成紅色與黃色，最後掉下來。為什麼春夏兩季還是綠色的葉子，到了秋天就會變色？讓我們一起從化學角度解析楓葉的神奇之處。

首先，葉子之所以是綠色的，是因為葉綠素分子所致。葉綠素大量存在於植物的葉綠體中，太陽照射就會反射綠色光線，讓葉子看起來是綠色的。而葉綠素也是植物行光合作用（請參見一四八頁）時，極為重要的物質。

一到秋天，氣溫下降，陽光量減少，植物製造的糖分也會變少。為了有效的運用糖分，植物會開始做好落葉的準備。

第一步是阻斷樹枝和葉子的運輸通道。這個動作會降低光合作用功能，葉綠素無法順利吸收氧氣，而是由植物分解。如此下去葉綠素就會減少，綠色也會變

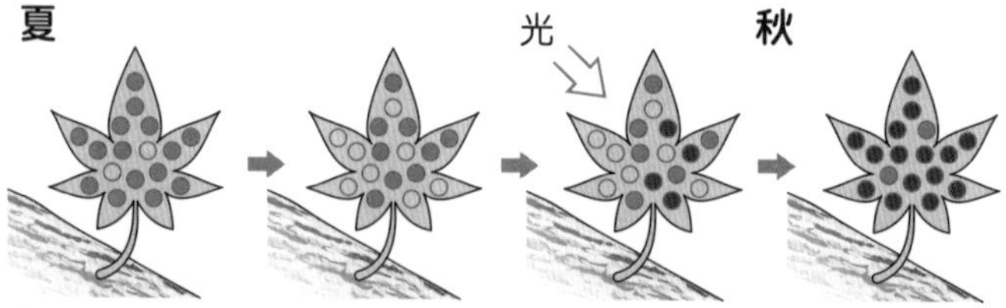

夏
光
秋
葉綠素（綠色）較多→綠色
葉綠素分解→黃綠色
光線照射後生成花青素（紅色）→橙色
花青素（紅色）增加→紅色

▲楓葉與色素

淡。另一方面，光合作用製造的糖分也因為運輸通道被阻斷的關係，儲存在葉子裡。糖分和葉子裡的物質在太陽照射下結合，形成紅色的花青素，看起來葉子像是染紅了一般。

有些葉子會在秋天變黃，原因是樹葉含有的類胡蘿蔔素。未含有花青素原料的銀杏等植物，當葉綠素遭到分解，原本藏在綠色後面的黃色類胡蘿蔔素就會顯現出來，讓葉子變黃。

花朵顏色與花青素

每到春季和秋季，色彩繽紛的鬱金香和大波斯菊等花卉就會爭相綻放。花青素分子決定了花朵顏色。

花青素會反射紅色與紫色光。大波斯菊與玫瑰含有花青素，因此開出紅色花朵。葡萄和茄子等蔬果也含有花青素。

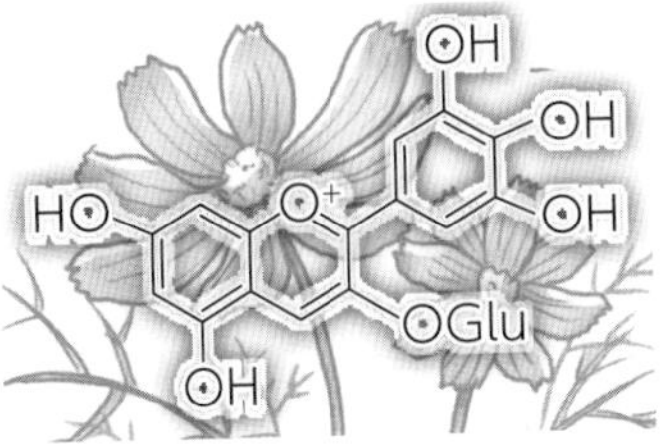

▲花青素

花青素有許多種，其反射的顏色會受到周遭液體性質（酸性或鹼性等）的影響改變。不同植物的花青素種類和比例不同，綻放出各式各樣的花朵。

多虧有花青素，植物才能避免陽光中的紫外線傷害細胞。花青素是植物不可或缺的守護者。

小知識

繡球花的顏色取決於土壤的酸鹼度

繡球花的顏色很豐富，但開出什麼顏色的花是取決於土壤狀態。當土壤是酸性的，就會開出藍色花朵；土壤是鹼性的，就會開出紅色花朵。花朵顏色也與花青素有關。

當土壤是酸性，土中的鋁就會變成離子，被繡球花的根部吸收。鋁離子與繡球花的花青素結合，就會變成藍色。當土壤是鹼性，繡球花不會吸收土中的鋁，呈現花青素的紅色。當土壤是中性，紅色與藍色就會混合在一起，看起來是紫色的。

▲繡球花

新年美食與打雪仗

在寒冷的冬季，你想與家人一起待在溫暖的家中團聚，還是到戶外打雪仗呢？日本人過年不可過缺的年菜和融雪技術也與化學息息相關。

年菜和保存食品

年菜是新年之初要吃的料理。日本年菜不只是好吃，也是保存食品。保存食品指的是不易腐壞，賞味期較長的食物。大家過年都想在家悠閒度過，因此保存食品是最適合的選擇。

想延長食物的保存期限，必須經過化學處理。細菌等微生物孳生會讓食物腐壞，簡單來說，細菌使食物產生化學反應，飄散臭味。若與細菌一起吃下肚，則會吃壞肚子。保存食品利用某些方法避免細菌引起腐壞。

和人類一樣，細菌存活需要水，因此人類利用增加食物含有的鹽或砂糖濃度的方式，逼出食物水分，打造細菌難以繁殖的環境。

為什麼增加鹽或砂糖濃度就能逼出食物水分？其實這利用了與生物細胞相同的機制。細胞靠著吸收與釋出水分，保持與周遭相同的濃度。將鹽或糖撒在蔬菜上，蔬菜就會釋出細胞裡的水分，讓鹽或糖溶於水中，使外部和內部處於相同濃度。

簡單來說，鹽或糖可以逼出蔬菜水分。日本年菜中的鹽漬鯡魚卵、甜味金團子與黑豆，就是其中一例。只要花一點工夫就能長期保存食物。

而且，細菌不耐酸。檸檬與橘子都含酸，醋也是酸的一種。總而言之，只要將食物泡在醋裡，就能減弱細菌的作用，預防食物腐壞。日本年菜的醋蓮藕就是醋漬食品的一種。

融雪劑與凝固點降低

很多地方冬季會下雪，可以打雪仗、堆雪人，享受冬季特有的遊戲。不過，若降雪量過多就會影響交通，積雪的步道和馬路也很容易滑倒，屋頂上的積雪還可能壓垮房子。

有鑑於此，在降雪量較大的地區人們會使用融雪劑融化積雪。融雪劑主要有兩大作用，第一是融雪，第二是讓水不易結冰。白色粉狀的氯化鈣是很常用的融雪劑成分。

▼凝固點降低

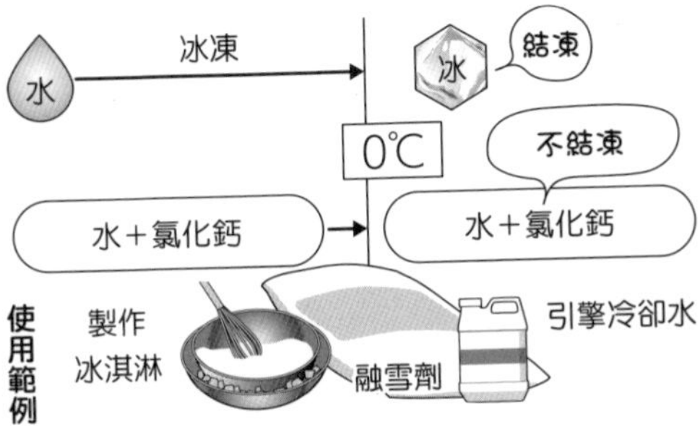

首先來看它的第一個作用，也就是融雪。氯化鈣與水結合，會產生熱，融雪劑就是利用這一項性質。雖然產生的熱不如用來加熱料理時使用的氯化鈣（參見一二九頁），但也足以融化積雪。

融雪劑的第二個作用是利用凝固點降低的現象，讓水不易結冰。

各位應該知道，水只要在攝氏零度的環境就會結成冰，不過，如果事先在水裡放鹽，溫度降至攝氏零度也不會結冰。也就是說，在水裡添加鹽或糖等不純物，可讓結冰溫度（冰點）比水更低（凝固點降低）。融雪劑含有的氯化鈣溶於水就能降低凝固點，使水的冰點低於攝氏零度，不易產生新的積雪。

小知識

常綠植物與凝固點降低

樹葉一到秋季就會變色，最後枯死掉落。不過，松樹和杉木一年四季都保持綠色，這類植物稱為常綠植物。

專家發現常綠植物在快到冬季時，葉子就會融化糖分，引起凝固點降低現象。如此一來，即使氣溫驟降，樹葉也不容易結凍。多虧了這項機制，常綠植物的葉子可以保持綠色，度過整個冬季。同樣的，可以度過寒冬的高麗菜、菠菜等蔬菜之所以吃起來甘甜，也是因為它們的葉子含有大量糖分。

後記
化學將如何改變我們的未來？

中寬史（京都大學藥學研究科副教授）

我們活在化學的世界裡

過去各位可能不曾注意到「化學」這個詞彙，但這本書闡述了存在於我們身邊、居住環境或大自然裡的所有物質，全都是化學物質的事實。人體內也有各種化學物質發揮作用，引起化學反應，讓我們思考、呼吸，甚至活動雙手。相信各位已經察覺到，從出生的那一刻起，我們就生活在充滿化學的世界裡。

說得淺顯一點，化學是「細分物質並思考」的學問。所有物質都是由極細微的化合物或單體組成，所有化合物或單體則是由統整在週期表裡的一百一十八種元素形成（參見二十、二十一頁）。現代化學就是從建構生命與地球的化合物特性來思考。

「了解」就能區分

化學有兩大特性，其一是化學可以解開所有的謎團。

化學家將覺得「不可思議」的事物逐一細分，仔細思考，提出新發現或新想法。我們的生活中存在許多不可思議的事物、尚未解開的謎團，例如「牽牛花的藤蔓如何決定捲曲方向？」、「為什麼蛇可以在黑暗中筆直前進？」、「我們如何運用大腦思考？」等。這些疑問全都與化學物質有關。「區分、發現並充分了解」存在於大自然和燒瓶裡的物質，正是化學的醍醐味之一。

化學改變了生活

化學的另一個特性是可以產生新物質，「解決」問題。

舉例來說，人們從空氣中含有的氮與氫，發現了製造氨（化學肥料的原料，參見十六頁）的化學反應，提升糧食生產量，照顧更多人。此外，當我們生病或受傷，也能用抗生素或消毒藥等化學物質（參見一四五頁）治療或預防。

鋰電池（參見一六四頁）與導電塑膠是使智慧型手機等電子產品運作的必要物質。發光二極體（LED）照明燈具也越來越普及。無論是智慧型手機或LED燈現在已成為生活中常見的一部分，但在過去是前所未有的「夢想技術」。回顧歷史即可得知，化學的力量在於創造「下一世代的常識」，改變人類的生活。

化學將如何改變我們的未來？化學是「科學的核心」

話說回來，化學將如何改變我們的未來？現在的我們還有許多未解之謎。例如，「生命究竟是什麼？」我們已經很清楚形成人體的化學物質是以什麼方式，結合了哪些元素。然而，若只是將這些元素混在一起，是無法創造生物的。將簡單的物質混在一起，與「活細胞」之間究竟存在什麼？這是化學要釐清的一大課題。其他還有許多不可思議的事物、尚未解開的謎團，包括「死亡是怎麼一回事？」、「為什麼生命充滿水？」等。「科學」雖然是研究這些問題的學問，但關鍵在於化學。「科學」的核心其實就是化學。

時至今日，新化學依舊以極快的速度產生，相信各位都已經感受到其威力。衷心期待化學的力量可讓地球的未來更加精彩豐富！

中寬史

一九八〇年東京都町田市出生。二〇〇五年東京大學研究所藥學研究科修士課程修畢。二〇〇八年取得（理學）博士學位（名古屋大學）。先後擔任東北大學研究所藥學研究科助教，名古屋大學物質科學國際研究中心助教，二〇二〇年起擔任現職。二〇二〇年榮獲令和元年度有機合成化學獎勵獎。專業為有機化學與觸媒化學。目前致力於「開拓活用氰醇的轉移水合作用之有機合成化學」、「理解與活用氘顯示的特性」等計畫。

哆啦A夢知識大探索 13

生活化學驚奇箱

●漫畫／藤子・F・不二雄

●原書名／ドラえもん探究ワールド—— 身近にいっぱい！おどろきの化学

●日文版審訂／Fujiko Pro、中寛史（京都大學藥學研究科副教授）

●日文版構成・撰文／砂田功、大川裕介、森岡優菜（Edit）、KS Project、中村Nobu子

●日文版版面設計／DTP Act　●日文版封面設計／有泉勝一（Timemachine）

●插圖／中山Keisyo　●日文版協作／目黑廣志、四井寧　●日文版製作／酒井Kawori

●日文版編輯／松本直子

●翻譯／游韻馨　●台灣版審訂／張君輔

【參考文獻、網站】

《圖解3小時搞懂身邊常見的元素》（左卷健男／明日香出版社）、《世界第一簡單電池》（藤瀧和弘／世茂）、《一比就懂的科學小事典》（兵頭俊夫／大月書店）、《工業材料入門》（富士明良／東京電機大學出版局）、《圖解蛀牙與牙周病最新知識和預防方法》（倉治NANAE／日本書院本社）、《聰明做家事》（Better Home協會／Better Home協會）、《天然素材環保打掃》（Tsuchiya書店編輯部／Tsuchiya書店）、《日本化粧品檢定一級對策教材》（小西SAYAKA／主婦之友社）、《化粧品成分檢定官方教材》（化粧品成分檢定協會／實業之日本社）、有機化粧品顧問講座教材《II化粧品成分的知識（合成成分與天然成分）》（日本有機化粧品協會審訂）、《花朵真神奇》（岩科司／講談社）、《圖表式系列新生物》（鈴木孝仁、本川達雄、鷲谷IZUMI／數研出版）、《圖表式系列新化學》（野村祐次郎、辰巳敬、本間善夫／數研出版）、《仿生學的世界》（白石拓／寶島社）、《觸媒、光觸媒的科學入門》（山下弘巳、田中庸裕、三宅孝典、西山覺、古南博、八尋秀典、窪田好浩、玉置純／講談社）、《日本食品工業會誌vol.16, No.2》（日本食品工業會）、好侍食品集團總公司官網、fibex官網、日本鋁協會官網、厚生勞動省官網、德島縣官網

發行人／王榮文

出版發行／遠流出版事業股份有限公司

地址：104005 台北市中山北路一段 11 號 13 樓

電話：(02)2571-0297　傳真：(02)2571-0197　郵撥：0189456-1

著作權顧問／蕭雄淋律師

2024 年 6 月 1 日 初版一刷

定價／新台幣 350 元（缺頁或破損的書，請寄回更換）

ISBN 978-626-361-699-8

遠流博識網　http://www.ylib.com　E-mail:ylib@ylib.com

◎日本小學館正式授權台灣中文版

●發行所／台灣小學館股份有限公司

●總經理／齋藤滿

●產品經理／黃馨瑝

●責任編輯／李宗幸

●美術編輯／蘇彩金

國家圖書館出版品預行編目資料（CIP）

生活化學驚奇箱 / 日本小學館編輯撰文；藤子・F・不二雄漫畫；
游韻馨翻譯. -- 初版. -- 台北市：遠流出版事業股份有限公司,
2024.6
面；　公分. --（哆啦 A 夢知識大探索；13）

譯自：ドラえもん探究ワールド：身近にいっぱい！おどろきの化学
ISBN 978-957-361-699-8(平裝)

1.CST: 化學 2.CST: 漫畫

340　　113006094

※ 本書為 2022 年日本小學館出版的《身近にいっぱい！おどろきの化学》台灣中文版，在台灣經重新審閱、編輯後發行，因此少部分內容與日文版不同，特此聲明。